U0221214

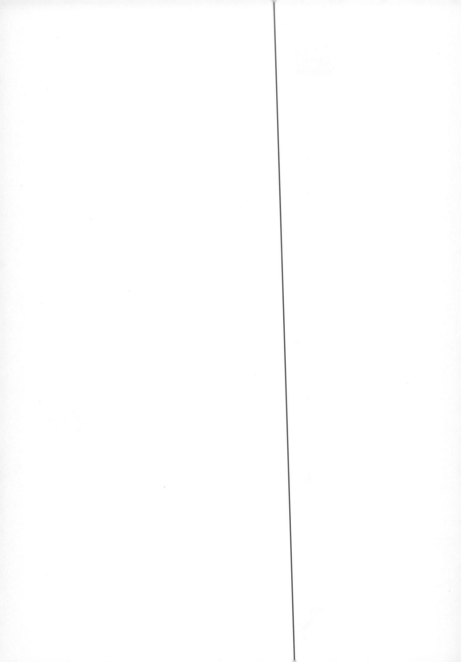

物联网运行的秘密

あらゆるモノをつなぐ半導体のしくみ
IoTを支える技術

[日] 菊地正典 _____ 著

王贞 _____ 译

机械工业出版社
CHINA MACHINE PRESS

说起物联网，你一定不感到陌生，但你知道物联网是如何运行的吗？本书主要介绍物联网运行的秘密，内容包括支撑物联网发展的半导体器件、实时捕捉现场状况的半导体传感器、物联网如何通过互联网处理"物"的数据、加速物联网发展的元器件的真面目以及物联网时代追求的新半导体技术等。本书图解详细、语言简洁，是物联网行业不可多得的参考书。

IoT WO SASAERU GIJUTSU
Copyright ©2017 by MASANORI KIKUCHI
First published in Japan in 2017 by SB Creative Corp.
This Simplified Chinese edition published by arrangement with
SB Creative Corp. through Media Solutions, Tokyo.

北京市版权局著作权合同登记 图字：01-2019-2172 号。

图书在版编目（CIP）数据

物联网运行的秘密 /（日）菊地正典著；王贞译.
— 北京：机械工业出版社，2020.3
（自然科学通识系列）
ISBN 978-7-111-65036-2

Ⅰ.①物… Ⅱ.①菊… ②王… Ⅲ.①互联网络 – 应用
②智能技术 – 应用 Ⅳ.①TP393.4 ②TP18

中国版本图书馆CIP数据核字（2020）第044277号

机械工业出版社（北京市百万庄大街22号　邮政编码100037）
策划编辑：黄丽梅　责任编辑：黄丽梅　王　芳
责任校对：聂美琴　责任印制：孙　炜
北京联兴盛业印刷股份有限公司印刷

2020年6月第1版·第1次印刷
130mm × 184mm·6印张·3插页·120千字
标准书号：ISBN 978-7-111-65036-2
定价：49.00元

电话服务　　　　　　　　　　网络服务
客服电话：010-88361066　　机 工 官 网：www.cmpbook.com
　　　　　010-88379833　　机 工 官 博：weibo.com/cmp1952
　　　　　010-68326294　　金 书 网：www.golden-book.com
封底无防伪标均为盗版　　机工教育服务网：www.cmpedu.com

前　言

近来常能听到的 IoT（Internet of Things）是"物联网"的意思。

以往都是计算机或智能手机等信息通信终端与互联网相连，而如今连接到物联网的"物体"，已不分人造物还是自然物，世间万物都包含在其中。

如果问为何连接，通过连接能获得什么好处，最直接的答案是为了提高人们的生活品质，如便利性、舒适性、经济性和安全性等，再有也是为了农业、林业、水产业、矿业、建筑业、制造业、运输业、通信业、零售业、餐饮业、金融保险业、不动产业、服务业，以及医疗社会福利业等各行各业，实现效率提升，提高环保水平，降低劳动强度，创造新的商机。

要具体列举物联网的事例，名称中带有"智能"的基本都是，如智能家居、智能农业、智能车（含自动驾驶汽车和联网汽车）、智能医疗等，不胜枚举。

上述中的几项在本书中会具体描述，物联网就是这样一种能使我们的生活和社会焕然一新的技术体系。

那么物联网究竟是如何让各行各业实现转变的呢？从技术层面来看，物联网包含数据收集、数据传输、数据处理三个要素：

（1）数据收集　通过传感器快速感知物体的状态，收集数据。

（2）数据传输　将收集到的数据上传至互联网。

（3）数据处理　处理上传至互联网的数据，并将处理后的数据放到云服务器上。

在此背景下，要全面了解物联网技术，深入理解上述三个要素是最直接、最快捷的方法。本书将在每章中详叙各要素的构成，并着重对所有要素的核心技术——半导体技术加以说明。

要实现这三个要素，特别是实现数据处理要素，即从收集到的大量数据中提取、分类、搜索并可视化有意义的数据等，所采用的数据挖掘技术和以深度学习为代表的人工智能技术等，都离不开半导体。

甚至，除了数据处理之外，半导体还活跃在处理前与处理后的数据存储方面。鉴于此，本书第4章着重介绍了半导体，对其深入地进行了说明。紧接着在第5章介绍新半导体技术，这些技术有望给物联网今后的发展带来创新性的飞跃。

其实本人对于物联网前后的变化也抱有很大的期待，总觉得以往都只不过是普通用户使用部分专家制作出来的东西而已。但物联网不仅能让人们使用，还应该能让所有人都参与到制作中来。

　　"这个事情通过物联网实现不了吗？如何才能实现呢？"读者们不妨思考看看，如若本书能够助您一臂之力，作为著者的我将喜出望外。

菊地正典

目　录

CONTENTS

第 1 章

支撑物联网的
半导体器件

物联网是"物"与"物"的互联网？

——物联网难懂的原因有二

对物联网（Internet of Things，IoT）最直接的理解是物体的互联网，更进一步思考它的实质时，可能很多人都没有清楚的概念。

物联网难懂的原因首先在于物体，因为会有"物联网中的物体究竟是什么？怎么定义物联网中的物体？"这样的疑问。

今天，我们将计算机、智能手机、平板电脑等终端连接至互联网，使用浏览器搜索、收集信息，或是用邮件与他人共享各类信息，这些设备与装置在物联网中都属于物体的范畴。

但是物联网中的物体却不仅仅是这些，毫不夸张地说，物联网中的物体不限自然物或人造物，是存在于世间的万物。如图 1-1 所示，物联网中各式各样的物体相互连接。

物联网难懂的原因其次在于物联网这个概念过于宽泛，什么样的网络可以称为物联网，对此并无明确的定义。

既然如此，我们先从各个领域或生活场景中来看看物联网能做什么，我们对物联网可以有什么期待。

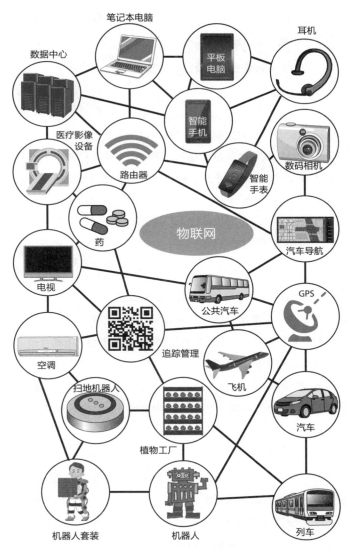

图 1-1　物联网中各式各样的物体相互连接

1.2 物联网会使家庭及各个领域发生何种变化
——首先理解物联网的概念

具体来看，从家庭到农业、基础设施、社会福利与护理、制造业、交通运输等，通过物联网，都发生了很大的变化。由于家庭和农业更贴近我们的生活，所以本节将主要介绍物联网对家庭和农业产生了怎样的影响。

1.2.1 面向家庭的物联网

配备了物联网或信息通信技术（Information Communication Technology，ICT）的房屋被称为"智能家居"或"智能住宅"，也可称之为"智能之家"。具体说来，面向家庭的物联网一般包括：利用太阳能发电的太阳能电池板、专用蓄电池、电动汽车（可以作为储备电力的蓄电装置），含家用电器控制在内的家庭能源管理系统（Home Energy Management System，HEMS），家庭安全防护系统、对室内情况的远程监控系统，温度湿度照明等室内环境的管理系统等。

聚焦家庭能源管理系统的物联网示意图如图 1-2 所示。在这个智能家居中，通过太阳能电池板利用太阳能发电，通过智能电表与电力公司之间进行买卖电，用专用蓄电池和电动汽车蓄电，通过家庭能源管理系统对空调、电视机、微波炉、洗衣机、LED照明灯、电磁炉等家用电器进行可视化的监控与管理。

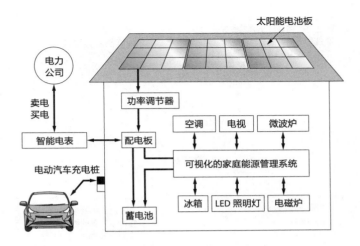

图 1-2　家庭能源管理系统的物联网示意图

1.2.2　面向农业的物联网（智能农业）

　　面向农业的物联网是在农田之外的地方对温度、湿度、日照、二氧化碳（CO_2）浓度等进行监测、管理和控制的系统。智能农业是面向农业的物联网的典型代表，它利用机器人和信息通信技术节约劳动力，实现大规模、高品质的农业生产。

　　智能农业（见图 1-3）通过使用 GPS 自动驾驶农业机械来节约劳动力，实现大规模农业生产，通过对栽培环境的监测和精细控制实现农作物的高质、高产，通过动力外骨骼和辅助机械将农民从危险、脏累的劳动中解放出来，通过使用云系统给消费者提供农产品的生产信息，提高消费者对农产品的信任度。

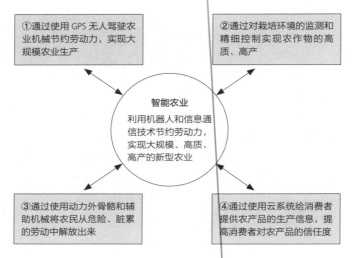

①通过使用 GPS 无人驾驶农业机械节约劳动力，实现大规模农业生产

②通过对栽培环境的监测和精细控制实现农作物的高质、高产

智能农业
利用机器人和信息通信技术节约劳动力，实现大规模、高质、高产的新型农业

③通过使用动力外骨骼和辅助机械将农民从危险、脏累的劳动中解放出来

④通过使用云系统给消费者提供农产品的生产信息，提高消费者对农产品的信任度

图 1-3　智能农业示意图

1.2.3　面向基础设施的物联网

通过监测，可以提前发现桥梁、隧道的老化及异常，防止塌方等事故的发生。

1.2.4　面向社会福利与护理的物联网

此物联网主要针对老年人，为他们提供服务，包括养老机构内外对老年人的看护、针对独居老人的在家看护、防止老年人跌倒、获取老年人位置信息的全球定位系统（GPS）和位置信息服务（LBS）以及 SOS 自动求救等服务。

1.2.5　面向制造业的物联网

通过设备远程自动监控和 M2M（Machine to Machine，机器到机器的互联互通）提供设备间的自动对话、自动维护和保养、预测或警报异常和事故等服务。

1.2.6　面向交通运输的物联网

面向交通运输的物联网是通过铁路、地铁、公共汽车、出租车、汽车、飞机、船舶等的自动维护和保养预防事故发生,可监测、控制、管理运行情况,可实现无人驾驶、汽车联网、电动汽车充电站等。

前面说过,在物联网中,一切物体都与互联网连接,但这并不是说任何物体只要与互联网连接起来就可以,必须要经过对"连接什么物体,为了什么连接,如何连接"的充分思考后才能做决定。此时,下面几项优点和缺点可作为判断标准:

优点:

①拓展新的商机。

②提升生产力和生产效率。

③让生活环境更安全。

④促进健康。

⑤提高社会福利。

⑥提高生活品质。

缺点:

①增加初期成本。

②增加机密信息泄露的危险性,如个人信息等。

③增加黑客攻击的风险。

④增加互联网犯罪的风险。

物联网的三要素
——数据收集、数据传输、数据处理

为把握物联网的全貌，可以先划分出物联网的构成要素，再对各要素逐一分析，这样更容易理解。物联网大致可分为如下三要素（见图1-4）：

①数据收集——通过传感器快速感知物体的状态，收集数据。

②数据传输——将收集到的数据上传至互联网。

③数据处理——处理上传至互联网的数据，并将处理后的数据放到云服务器上。

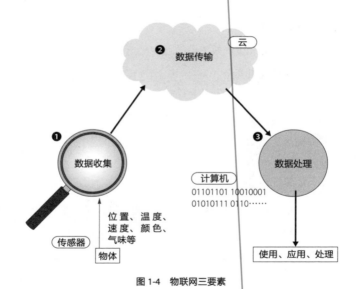

图1-4 物联网三要素

1.3.1　数据收集

在物联网中，为什么要让物体连接到互联网呢？其实是为了掌握物体的状态。为此，需要先检测出与物体状态有关的所有数据，如位置、速度、加速度、角速度、温度、湿度、光度、亮度、颜色、图像（静态图、动图）、声音、音量、气味、血压、血糖值等，再将这些数据转换为电信号，而具有这些功能的便是传感器。

虽然具备不同功能的传感器各自连接至互联网，但也有传感器之间相互连接而形成的网络，大家把这种物联网称为传感器网络（见图 1-5）。

据说若要实现真正的物联网，每年会有超过 1 万亿个传感器连接至互联网。

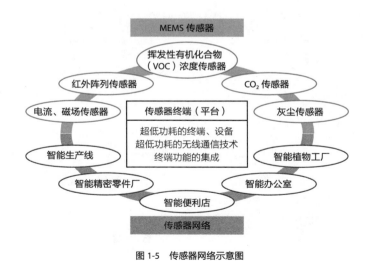

图 1-5　传感器网络示意图

1.3.2　数据传输

有几种方法可将各类传感器收集到的数据（及信息）上传至互联网。例如，传感器如果具备个人计算机或智能手机那样的通信功能，就能直接连接互联网，但如此一来，传感器的负担会过大，从成本角度考虑，此举既不现实也不明智。

在互联网中，根据互联网协议（Internet Protocol，IP）通信标准，使用 IP 数据包的数据格式（数据集成块）进行通信。

如图 1-6 所示，要将传感器输出的数据上传至互联网，必须先将物联网终端转接到用于转换通信方式或数据格式的网关（GW），或转接到被称为接入点的设备或装置，然后再连接到互联网上。

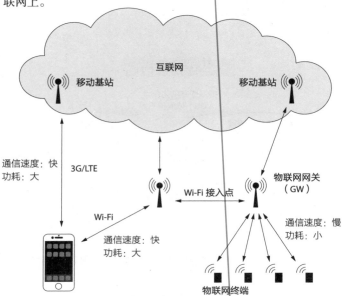

图 1-6　物体连接至互联网的方法

1.3.3　数据处理

上传至互联网的数据（信息）在与互联网连接的数据中心进行处理和保存（见图1-7）。

数据中心是指配备并使用服务器或网络设备等IT设备的机构和建筑，专业连接互联网的数据中心被称为互联网数据中心

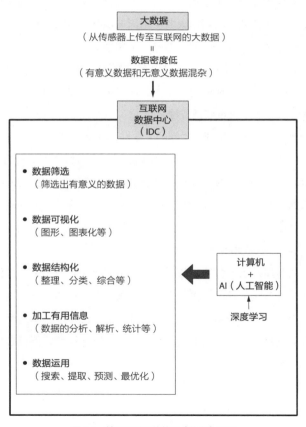

图 1-7　基于互联网的数据（信息）处理

（IDC）。近年来，大批公司和机构已导入了 IT 系统，其中有很多公司和机构已拥有并运作了自己的数据中心，但也有不少公司和机构出于安全防范与规避灾害，或是温度、湿度等环境管理方面的考虑，选择租用专业数据中心的服务器机柜（服务器专用柜）。

由于用户需要通过互联网及时访问并使用自己的数据，为此需要对庞大的数据（大数据）适当地进行数据处理。具体来说，就是先从上传到互联网的大数据中筛选出有意义的数据，然后使其"看得见"（显示为图形、图表、表格等）和"结构化"（整理、分类、综合）以便于使用，通过对数据的分析、解析、统计等操作，搜索、提取、预测和最优化对本公司有用的信息，用户通过访问这些云服务的结果可获得各种便利。

要有效处理汇集到互联网的大数据，必须使用 AI（人工智能）技术，以期进一步的发展。有人预测，真正的物联网时代有 500 亿台以上的信息终端，并且每年会有超过 1 万亿个传感器连接至互联网，并流通泽字节（ZB）的信息量。为实现这样的处理，除了提升计算机的性能之外，全新概念的计算机也是必不可少的。

到此，构成物联网的三要素都已进行了简要叙述。除此之外，本节内容还提出了各种物联网的设想和方法，其中一部分已付诸实践。在实践过程中，在收集数据的源地即物体的附近，进行数据处理的、自产自销式的系统会增多，像 M2M 这样不经由人，直接通过机器在互联网上收集、解析、反馈数据的案例也必然会增多。

从配角变身为主角的半导体
——支撑物联网三要素的半导体

在通过物联网连接至互联网的物体中，计算机或智能手机里内置的电子设备或电子零件使用了多种功能的半导体，也可以说是半导体集成电路。

而不具备此类数据处理功能的"物体"，不论是自然物还是人造物，要掌握其状态，必须使用传感器（探测器），而大多数传感器也都使用了多种多样的半导体。

有些传感器利用了半导体所具备的独特性质，如近年来广泛应用在微机电系统（Micro Electro Mechanical System，MEMS）中的微电子机械器件——MEMS 传感器，它采用了半导体精细加工技术和特殊加工技术，通过硅材料（半导体的主要材料）制作而成，如图 1-8 所示。

MEMS 传感器除了具有体积小、重量轻、转换精度高、优良的环境耐受性（温度、湿度、高度等）以及成本低等优点外，还可轻松搭载半导体数据处理电路或通信电路等一体化复合型功能传感器。

下面从半导体功能角度理解物联网中传感器用于将检测或转换的数据上传至互联网的通信过程。为便于理解，以前面提到过的"智能家居"为例，其通信方面的示意图如图 1-9 所示。

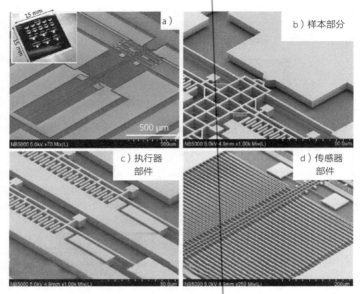

图 1-8　MEMS 传感器的显微镜照片[一]

在图 1-9 中，电视机、LED 照明灯、洗碗机、洗衣烘干机、空调、水泵等家电通过有线或无线技术连接至家庭网络，家庭网络由家庭网关集中控制，并连接至云服务器。

除了该住宅内部，其他住宅或同一地域内也能实现能源管理最优化。

这个智能家居的例子即是物联网。在这个案例中，在智能家居的各类家电上，搭载了多种功能的各类半导体器件。通信用的半导体以有线或无线方式上传所有家电的能源状态数据到家庭网络，

[一] 经神户大学矶野吉正教授授权，照片摘自其研究室 HP（http://www.research.kobe-u.ac.jp/eng-isonolab/index.html）。

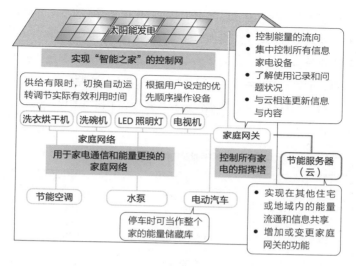

图 1-9 智能家居的示意图⊖

此后家庭网关中的半导体通过无线方式把数据发送到互联网。

由此看来，虽然家庭网关与云服务比个人计算机或智能手机更能支持物联网，但其实质也是半导体集成电路。

通过传感器上传到互联网的数据（大数据）在数据中心进行数据处理，转换成用户方便易用的格式提供给云服务。执行数据处理的计算机是半导体微处理器（MPU: Micro Processing Unit, 微型处理装置），数据存储时也使用了很多半导体存储器（DRM 或快闪存储器等）。

综上所述，在物联网通信网络中，连接各节点的关键部分和家用电器类的物体都会使用半导体器件。

⊖ 基于经济产业省的资料绘制而成。

　　了解了半导体在物联网中所发挥的作用之后，再把半导体称作配角就太过保守了，虽然半导体很少进入人们的视野中，但实际上半导体是物联网主角中的主角。所以，为更加深刻地理解物联网，就需要综合理解物联网与半导体两者之间的关系。

　　物联网数据收集、数据传输和数据处理中使用的代表性半导体器件见表 1-1。

表 1-1　物联网使用的代表性半导体器件

数据收集	数据传输	数据处理
半导体传感器	通信用的电路	处理用的电路
半导体的物性	蓝牙用电路	MPU
硅 MEMS 传感器	特定小电路无线用电路	DSP
复合传感器	（Sub-GHz、Wi-SUN、	GPU
电源电路	Zigbee）	MCU
ADC（A/D 转换器）	回声消除器	ASIC
DAC（D/A 转换器）	噪声消除器	FPGA
数据处理所用电路	编解码器	SOC
各种控制用的电路	调制解调器	……
通信电路	VoIP 处理器	存储器
处理器	转码器	SRAM
……	……	DRAM
		快闪存储器

注：1. MEMS: Micro Electro Mechanical System，微机电系统。

　　2. ADC: Analog to Digital Converter，A/D 转换器。

　　3. DAC: Digital to Analog Converter，D/A 转换器。

　　4. VoIP: Voice over Internet Protocol，互联网语音协议。

　　5. MPU: Micro Processing Unit，微处理器。

　　6. DSP: Digital Signal Processor，数字信号处理器。

　　7. GPU: Graphic Processing Unit，图形处理器。

　　8. MCU: Micro Controller Unit，微控制单元。

　　9. ASIC: Application Specific Integrated Circuit，专用集成电路。

　　10. FPGA: Field Programmable Gate Array，现场可编程门阵列。

　　11. SOC: System On Chip，系统级芯片。

　　12. SRAM: Static Random Access Memory，静态随机存取存储器。

　　13. DRAM: Dynamic Random Access Memory，动态随机存取存储器。

第 2 章

实时捕捉现场状况的
半导体传感器

2.1 电子五感——传感器
——准确捕捉物体状态的物联网关键器件

传感器是按科学规律将自然物与人造物的特性与信息转换为易处理的电信号的器件或装置，传感器有时也被称为变换器（Transducer），由于变换器是指将某种能量转换为其他能量的装置，所以也可以说传感器是变换器的一种。

2.1.1 传感器的作用

大多数传感器都存在于电器或电子设备内部，一直扮演着幕后角色（"电子眼"图像传感器除外）。而在迎接物联网时代到来的当下，原来处在互联网边缘地带的关键器件传感器进入了人们的视线，连物联网都有被称为"传感器网络"的倾向。

传感器的作用在于从物联网的物体中获取各种信息，发送至互联网让信息有机地连接起来，然后对其进行分析和解析等各种处理，并与用户的需要联系起来。

图 2-1 所示为典型传感器器件的种类与主要用途，传感器器件检测的对象可分为物理量和化学量两类。

物理量有时间、位置、距离、位移、振动、速度、加速度、旋转（角度、次数、速度）、图像、温度、光（可视、红外、激光、X 射线）、声音（可听声波、超声波）、电（电场、电压、电流、电力）、磁等，化学量主要是气味、浓度、气体、离子等。

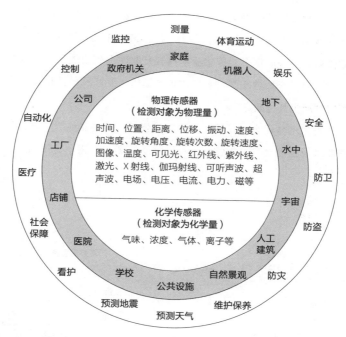

图 2-1　典型传感器器件的种类与主要用途

2.1.2　传感器的用途

　　传感器主要用在家庭、政府机关、公司、工厂、店铺、医院、学校、公共设施、自然景观、人工建筑、宇宙、水中、地下以及机器人身上，用途主要是测量、监控、控制、自动化、医疗、社会保障、看护、预测天气、预测地震、维护保养、防灾、防盗、防卫、安全、娱乐、体育运动等。

虽然传感器的种类、应用场合、用途已这般纷繁多样，但是传感器的使用数量仍在上涨，预计截至 2020 年，连接到互联网的物体将超过 500 亿个。传感器连接到互联网上到底能带来怎样的附加价值？今后越来越需要考虑传感器接入互联网的性价比并合理地判断出其优缺点。

当传感器作为物联网中的"边缘组件（末端器件）"时，会被要求灵敏度好、可靠性强、环境耐受性优、节能（功耗低）、

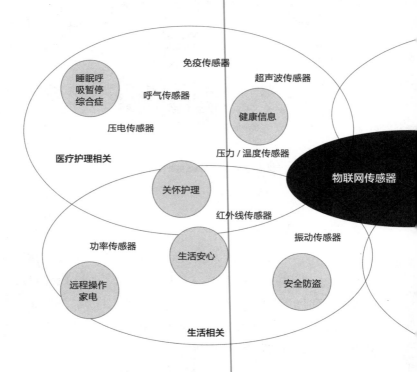

图 2-2　连接成互联网的典型传感器的示意图

寿命长、体积小、重量轻、廉价等，原因在于使用传感器的场所和环境一般不容易接触，所以传感器的维护保养和更换很困难，也就是说，要求传感器可以在非常严酷的环境下长时间正常工作，因为其影响范围广、程度深。

传感器不仅仅是单独的探测器件，也可以附加放大、运算、控制、通信等功能。近年来，传感器的发展趋势是更多地运用微机电系统（MEMS）技术。本章将对此进行详细说明。图 2-2 是连接成互联网的典型传感器的示意图。

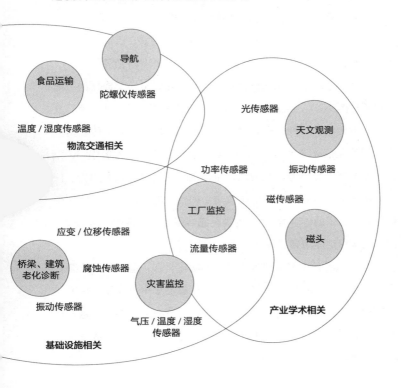

2.2 快速发展的传感器
——从单功能型向复合功能型转变

虽然统称作传感器，但器件被称为传感器的依据视情况不同而不同。例如，图像传感器是光电元件接收对象物体反射来的光信号再转换为电信号的传感器，其原理是将光电元件有规律地排列成二维阵列，各元件接收对象物体的部分反射光并转换为电信号，然后再整合所有单个电信号呈现为图像。

这种情况下，可以称光电元件本身为传感器，因为它含有对信号进行各种处理和整合的功能，也可称之为图像传感器。

实际上，传感器越来越朝着功能复合化、电路集成化的方向发展（见图2-3），集成电路芯片不仅有传感器元件，还有信号放大、模数转换、各种逻辑处理（运算单元）电路，有上传数据到互联网的通信处理等功能。传感器功能复合化已在发展中：CPU内置型的智能传感器已被使用，也出现了无电池化，利用光、振动、热波动等方式发电（能量收集）的传感器电路，还有使用微机电系统技术的传感器，由于此类传感器很容易与各种电路集成，因此已被广泛应用到了各个领域。

另外，还有将不同种类传感器的功能合在一起，承担复杂数据处理任务的传感器，有将多个同类传感器集中且规律地排成二维阵列用以检测数据空间的位置、方向、分布的传感器，这些传感器都将得到广泛使用。由此可见，传感器可以朝着功能提升、小型轻量化、节电化、增强可靠性、优化环境耐受性等方向发展。

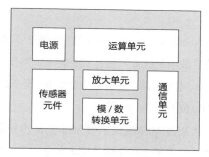

a）集成电路芯片

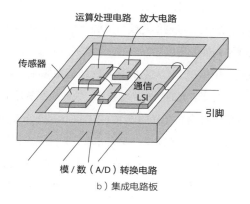

b）集成电路板

图 2-3 传感器功能复合化的模式图

2.3 物联网的主角——MEMS 传感器
——智能手机也是 MEMS 传感器的集成

　　MEMS（Micro Electro Mechanical System）即微机电系统，是指在硅衬底、玻璃衬底或其他有机材料上，将作为机械组件的传感器、执行器、电子电路等整合起来的装置（全长以 mm 为单位，内件以 μm 为单位）。

　　近年来，运用硅 MEMS 技术的 MEMS 传感器发挥小型、高精度、高可靠性、高环境耐受性、低成本以及易于集成等优势，被广泛应用在各种机器和设备上。

　　制作 MEMS 传感器，除了要采用传统的硅精细加工技术（硅平面技术），还需要一些独特的技术。一般的硅平面技术是将各种材料的薄膜加工成精细花纹后堆叠起来，但 MEMS 传感器有精细的三维结构件，所以对纵向的深加工技术有要求。

　　为此，出现了 LIGA（基于 X 射线的微影微电铸微模铸）光刻技术，使用电子束的三维光刻技术，蚀刻掩膜的厚膜抗蚀技术，用于深挖的、各向异性强的以 ICP-RIE（Induction Coupled Plasma Reactive Ion Etching 感应耦合反应等离子刻蚀）为典型代表的高密度等离子刻蚀技术，以及预先导入牺牲层材料膜（过程中发挥完作用后会被彻底去除掉的部分）来形成必要结构的牺牲层腐蚀技术，还有为将 MEMS 结构体接合到玻璃上，通过边循环加热磨削后的硅与玻璃表面边施加电压来实现强力键合的阳极键合等多种微细加工技术。

微细加工（micro-machining）是指运用 MEMS 技术来加工超微型三维结构件，可分为表面微细加工和体微细加工两种（见图 2-4）。

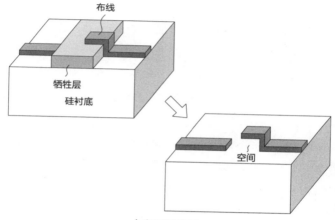

a）表面微细加工

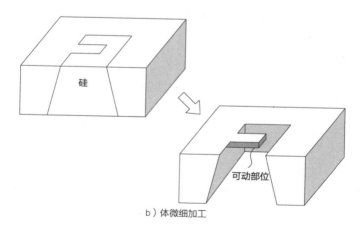

b）体微细加工

图 2-4　微细加工制作方法

表面微细加工通过制作多层膜、使用牺牲层并选择性地刻蚀牺牲层的一部分来形成空间。此方法与CMOS型（三极管组合结构的一种）结构的工艺流程匹配性高，适合加工片上模块化的结构。

体微细加工则是把衬底本身加工成三维形状，适合加工自由度大的三维结构。

MEMS 传感器有压力传感器、触觉传感器、加速度传感器、陀螺仪传感器、麦克风、湿度温度传感器、DNA 分析芯片、蛋白质分析芯片、验血芯片等。

电子设备特别是智能手机也可看作 MEMS 传感器的集成（见图 2-5），它包含了三轴加速度传感器、陀螺仪传感器、电子罗盘、压力传感器、温度/湿度传感器、麦克风等，用电子显微镜放大后的三轴 MEMS 加速度传感器模型图如图 2-5 所示。

随着物联网时代的发展，MEMS 传感器今后将会继续并大量地被运用到更多的物体中，其重要性也将越发凸显出来。

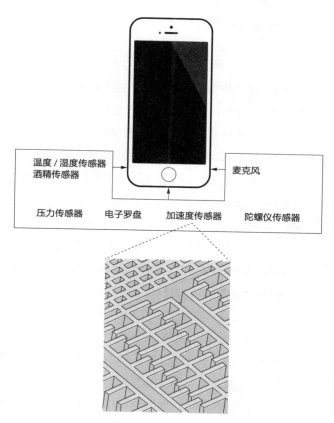

图 2-5　智能手机使用的 MEMS 加速度传感器

2.4 光电传感器
——光照射产生电

　　光电传感器因工作原理和待测光的波长的不同而有多种类型，在此将介绍基于半导体内部光电效应的光电传感器，即通过光照射半导体导致其内部电子增加，从而导电性增强，产生电动势的传感器，这种光电传感器又可分为光导电型和光电动势型。

　　光导电型光电传感器通过光照射探测出电阻变化，所用材料：可见光区域用硫化镉（CdS），红外线区域用硫化铅（PbS）和锑化铟（InSb），中波红外线区域用碲镉汞（HgCdTe）等。

　　光电动势型光电传感器使用了半导体 PN 光电二极管，其截面结构和电路符号如图 2-6 所示。PN 光电二极管的主要材料是硅（也有一些使用化合物），硅材料具有体积小、重量轻、机械强度高、线性特性、寿命长等特点，可广泛应用在紫外光、可见光以及近红外光等波长范围内（见图 2-7）。

　　虽然光电传感器的 PN 光电二极管可以把作为信号的入射光转换为电信号，但实际上除了 PN 光电二极管外，PIN 光电二极管、肖特基光电二极管和雪崩光电二极管等都可以进行高效的光电转换，它们的基本原理相同。

　　要了解 PN 结的结构和原理需具备一定程度的半导体知识，这些知识将在第 4 章中介绍。

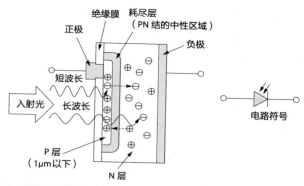

PN二极管基于光伏发电原理，在N层硅的表面是极薄（1μm以下）的P层区域，PN结附近，自由电子与空穴相互抵消，形成无载流子的区域（耗尽层），产生电场。当具有足够能量的光从外部射入时，将穿过薄P层到达内部并产生许多电子（自由电子）和空穴，电子进入N层，空穴朝P层移动，因N层区域的电子越来越多，而P层空穴也越来越多，所以产生电位差，当外部负载连接到PN时即产生电流。

图 2-6　PN 光电二极管截面结构和电路符号

紫外线	可视光线	近红外光 红外光 中至远红外光		

| | 0.4 | 0.7 | 1.6 | 波长 / μm |

Si

CdS

GaP

GaAsP

InAs

InGaAs

InSb

PbS

HgCdTe

各种半导体材料检测
到的光的波长由能量
带（第5章提到）的
大小决定

图 2-7　对应各种波长范围的光电传感器的半导体材料

图像传感器

——搭载在物联网设备上的 CCD 与 CMOS 图像传感器

人看物体时，物体反射的光通过晶状体在视网膜上成像，由此获得的光信号通过视神经被输送到大脑的视觉皮层，经过各种处理后被感知为图像。图像传感器就是具备视网膜功能的器件。

图像传感器（见图 2-8）由聚光用的透镜、将光线分解为三原色（R 红色，G 绿色，B 蓝色）的滤色器和将光强度转换为电信号强度的光电二极管组成。图像传感器包含数百万个光电二极管，其中一组 RGB 光电二极管被称为一个像素，像素的数目是图像的性能指标，光电二极管根据 RGB 各色光的强度将光信号转换为电信号（电子数）。

图像传感器可分为 CCD（Charged Coupled Device，电荷耦合器件）与 CMOS（Complementary Metal-Oxide-Semiconductor，互补金属氧化物半导体）两种类型（见图 2-9），这两种类型都使用光电二极管将光转换为电信号，但它们在传输及输出电子方面略有不同。

在 CCD 图像传感器（见图 2-9a）中，各列产生的电子同时转移到垂直传输 CCD 之后，通过水平传输 CCD 依序输送至输出电路，再通过放大器把电荷转换并放大为电压输出。

CCD 通过绝缘膜向半导体施加脉冲电压，以使半导体表面形成临时储存电子的"井"，并通过移动施加脉冲电压的点来移动

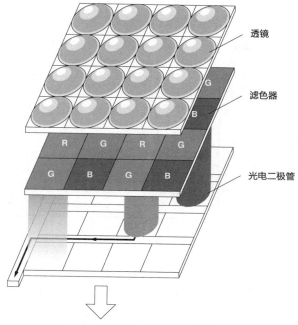

透镜

滤色器

光电二极管

覆盖了数百万个光电二极管（将光转变为电信号的半导体元件），光电二极管根据穿过滤镜照射进来的光的 3 原色（R 红色、G 绿色、B 蓝色）的强度产生多个电子。

图 2-8　图像传感器概念图

"井"，即传输被储存的电子。

　　在 CMOS 图像传感器（见图 2-9b）中，产生的电子被像素内的放大器转化和放大为电压，通过像素选择的 MOS 晶体管的开关功能，将电压信号传输至每行的垂直信号线上，并在每条垂直信号线上的列选择电路上除去噪声之后临时储存，被储存的电压信号随列选择电路上 MOS 晶体管的开或关，被传输到水平信号线。

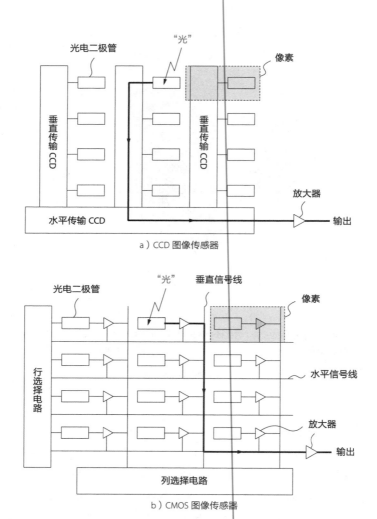

a) CCD 图像传感器

b) CMOS 图像传感器

图 2-9　CCD 和 CMOS 图像传感器

　　比较 CCD 图像传感器和 CMOS 图像传感器（见表 2-1）可知：由于 CCD 图像传感器采用单个放大器输出的模式，所以其元件偏差导致的噪声小而画质更优，而且 CCD 图像传感器即使变形也能一次性读取，因而影像更好；CMOS 图像传感器则因单一的低压电源驱动而功耗更小，外围电路集成化方面也是 CMOS 更胜一筹。

　　过去 CCD 图像传感器作为固体摄影器件的半导体图像传感器率先投入实际使用，但近年来，随着智能手机等移动设备的爆发式普及，具有体积小、低功耗优势的 CMOS 图像传感器正逐渐多起来。

表 2-1　图像传感器的比较

	CCD 图像传感器 （运用电荷传输器件）	CMOS 图像传感器 （CMOS 晶体管）
画质	单个放大器输出，因而元件偏差导致的噪声小	像素单位放大器和开关的变动导致噪声大
影像	一次性读取，无变形	每条线依次读取，有变形
功耗	需要多个电源驱动，如传输电子用的高压脉冲电源	单个低压电源就能驱动
外围电路集成化	需要模拟电路	适用于逻辑和存储的过程
尺寸	大	小
价格	贵	相对便宜
用途	追求画质、要求高传输速度和高灵敏度的设备，如工业监控和测量摄像机、监控摄像机、广播电台和媒体摄像机、望远镜（冷却型 CCD）、胃镜、摄影机、数码相机	追求体积小和功耗低、要求高精细和高灵敏度的设备，如个人数码相机、移动终端相机、便携电话、智能手机/相机、平板终端相机

这两种图像传感器都已被广泛应用于物联网设备中。CCD 图像传感器因其速度快及灵敏度高，还被应用在工业监控及测量摄像机、监控摄像机、广播电台和媒体摄像机、望远镜（有液氮制冷的冷却型 CCD 图像传感器）、胃镜、摄影机、数码相机等设备中；而 CMOS 图像传感器则较多应用在个人数码相机、移动终端相机、便携电话和智能手机 / 相机以及平板终端相机中。

2.6 压力传感器
——捕捉物质所承受的压力

压力传感器是检测固体、液体、气体等施加给物质的压力的装置，也可称为感压传感器。

在众多不同种类的压力传感器之中，近年来应用最广泛的是使用了硅 MEMS 技术的压力传感器，它又可分为"压阻式"和"电容式"两类。

1. 压阻式传感器

压阻式传感器（见图2-10）通过MEMS技术形成单晶硅超薄膜（硅膜片），将硅膜片贴在玻璃衬底上，在硅膜片的表面注入含杂质的离子，形成应变片，在硅膜片上施加压力（如气压）之后，硅膜片弯曲并弹性变形，因压阻效应，应变片的电阻值发生改变（见图2-11）由此可以检测出此电路的变化。

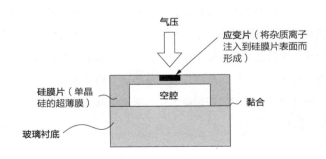

图 2-10　压阻式压力传感器的结构截面图

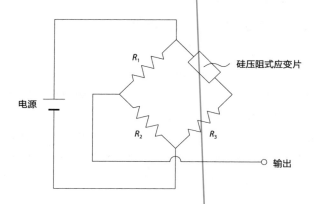

图 2-11 检测应变片电阻变化的电路

2. 电容式传感器

电容式传感器的结构如图 2-12 所示，以硅膜片为中心电极，设置上下两极将其夹在中间，基准压力和测量压力之差导致硅膜片发生位移，从而上下电极之间产生电容差。

压力传感器还可分为输出模拟信号的压力传感器和通过 A/D 转换器等处理电路输出数字信号的压力传感器。压力传感器不仅应用在汽车的制动器、导航系统、悬架液压系统、轮胎压力检测设备、发动机喷油压力检测设备、油箱压力检测设备、安全带佩戴检测设备上，还应用在智能手机、家用电器、医疗设备、工业测量和精密仪器上。

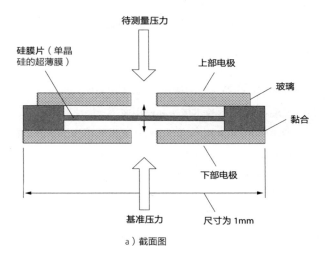

a）截面图

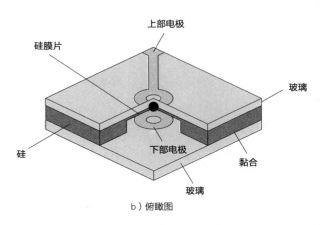

b）俯瞰图

图 2-12　电容式压力传感器

加速度传感器
——检测 X 方向与 Y 方向的位移

　　加速度传感器是检测加速度(每单位时间的速度变化)的装置,近年来随着 MEMS 技术被实际使用而得到广泛的应用。

　　使用硅 MEMS 技术的电容式加速度传感器(见图 2-13)由起支撑作用的弹性梁和受到重量、运动、振动或冲击而位移的质量块和用于检测 X 方向与 Y 方向位移的梳齿电极组成。

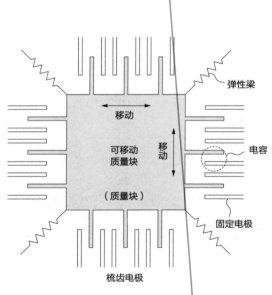

图 2-13　运用硅 MEMS 技术的加速度传感器的结构模型图

　　将图中位移的质量块的质量设为 m，把弹性梁常数设为 k，把传感器受到加速度 a 时，X 方向上质量 m 的位移设为 x（或 Y 方向的位移设为 y），根据牛顿第二运动定律和胡克定律，$ma = kx$ 成立即 $a = (k / m)x$，所以如果知道位移量 x，就可以求得加速度 a。在电容式加速度传感器中，可以根据梳齿电极电容器的电容变化求出 x。虽然此处谈的检测 X 轴方向和 Y 轴方向平面上的加速度是双轴传感器，但也存在单轴传感器和三轴传感器。

　　虽然多数加速度传感器都输出模拟信号，但也有输出数字信号的，此类传感器模块的构成如图 2-14 所示，它由将模拟信号转换为数字信号的 A/D 转换器、对转换后的数字信号执行各种运算处理的微控制器（MCU），用于发送处理过的信号至外部的无线通信模块（LSI）等组成。

　　加速度传感器主要应用于汽车的导航系统和安全气囊、便携电话和智能手机、游戏机，有防抖功能的摄影机和数码相机以及投影仪等。

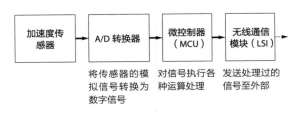

图 2-14　加速度传感器模块的构成图

2.8 陀螺仪传感器

——利用科里奥利力检测旋转速度

陀螺仪传感器是检测旋转物体角速度（单位时间内的旋转速度）的传感器。陀螺仪通过固定的旋转轴方向来检测物体空间内的方向。

基于硅 MEMS 技术的振动型陀螺仪传感器（见图 2-15），当施加角速度为 ω（度 / 秒）的旋转在以速度 v 移动的质量为 m 的物体上时，在与质量移动方向和旋转轴两者都垂直的方向上会产生科里奥利力（一种惯性力：$F=2m\omega v$）。振动型陀螺仪传感器的原理是通过振动 MEMS 装置并检测从外部施加旋转时所产生的科里奥利力，来计算施加于物体的角速度。陀螺仪传感器与加速度传感器一样，都是将科里奥利力所引起的可移动质量块的位移以

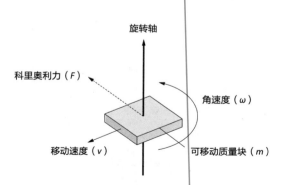

图 2-15 振动型陀螺仪传感器的原理

电容变化的方式检测出来（见图 2-16）。以上都是以单轴陀螺仪传感器为例来说明陀螺仪传感器的结构和工作原理，通过安装并检测多个轴的电极块，就可以扩展出双轴或三轴陀螺仪传感器。陀螺仪传感器既可以直接输出模拟信号，也可以用 A/D 转换器将模拟信号转换为数字信号，再通过信号处理后用 LSI 输出，如图 2-17 所示。

陀螺仪传感器主要用作便携电话、智能手机、便携游戏机等的运动传感设备，也用于实现数码相机的防抖、机器人的姿势控制、汽车导航系统的航位推算（位置、姿势推算及探测）等功能。

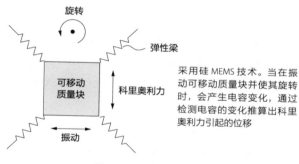

图 2-16 科里奥利力的检测

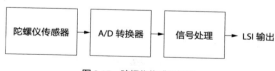

图 2-17 陀螺仪传感器模块

2.9 硅麦克风
——采用 MEMS 技术的小型、高性能麦克风

硅麦克风是采用硅 MEMS 技术检测声波的小型麦克风，电容式硅麦克风的结构模型如图 2-18 所示，单晶硅腔体的顶部有硅膜（薄膜），硅膜之上几微米的位置设置了穿有声波孔的背电极（背板），硅膜和背板之间形成了电容器。当给电容器施加声压导致硅膜振动时，硅膜与背板间的距离发生变化，电容器的容量也随之变化，至此声压被转换成电信号。

真实的硅麦克风面积在 1.5mm² 以下，厚度在 0.5mm 以下。

硅麦克风有输出模拟信号和输出数字信号两种类型（见图 2-19）。在输出模拟信号的硅麦克风中，将从电源（V_{DD}）到基准电压电路（V_{REG}）产生的电压在电荷泵电路（CP）中升压，供给硅麦克风。硅麦克风的电信号经过前置放大器（PreAMP）的阻抗

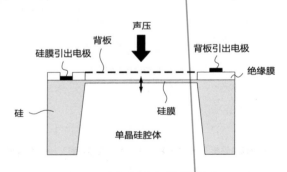

图 2-18　电容式硅麦克风的结构模型

转换和增益调节，输出模拟信号到外部。

　　当两个传输信号的电路之间的阻抗（交流电阻）差别很大时，传输过程中会产生功率损耗和传输波形失真，因此输入端与输出端间需要进行阻抗匹配，即阻抗转换。增益调节与声音失真和功率有关，其通过声音失真前的全功率激活，来调整放大器的输入

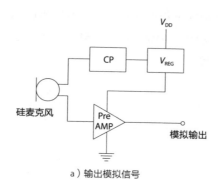

a）输出模拟信号

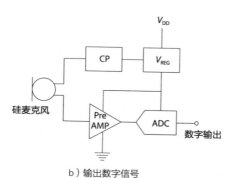

b）输出数字信号

图 2-19　硅麦克风

灵敏度。

而输出数字信号的硅麦克风增加了 A/D 转换器，将模拟信号转换为数字信号后再输出。硅麦克风小巧、性能好、抗震、耐冲击，还很容易与各种电路模块化，因此在便携电话、智能手机、汽车、机器人等各类机械设备中得到了广泛应用。此外，还有采用了硅麦克风的、超微型高性能的超声波传感器，它的宽带频率从十到几十千兆赫，方向性和响应性都很出色，因此用途广泛。

硅麦克风（模块）的整体面积一般为几平方毫米，厚度为1~2mm，非常微型。

2.10 磁传感器
——从机械硬盘的磁头到汽车轮胎压力检测

磁传感器（磁阻传感器）是根据半导体霍尔效应制作而成的一种传感器（见图 2-20），霍尔效应是指在有电流流动的半导体上施加与电流方向垂直的磁场，在与电流、磁场都垂直相交的方向上会产生电动势的现象。

流过半导体的电流（控制电流）是 I_C，在垂直于电流的方向上施加的磁场强度是 B，霍尔元件（半导体）的灵敏度是 K，那么输出电压（V_H）为

$$V_H = K \times I_C \times B$$

霍尔电压与磁场成正比，因此它是一种易于使用的元件。

磁阻传感器如图 2-21 所示。在砷化镓（GaAs）衬底上方是掺杂了锡（Sn）的锑化铟（InSb）薄膜条带，这个条带就是磁阻元件，常使用锑化铟是因为其电子迁移率远高于其他半导体材料，相应地磁阻效应会更强。给锑化铟薄膜条带的两端电极施加电压，并在薄膜条带平面的垂直方向上施加磁场，因霍尔效应，电流方向会向外部电场倾斜，形成霍尔角，电流流经薄膜条带时有效路径变长，薄膜条带的电阻就增加了。

磁传感器被应用在非接触性电流检测、信息记录介质的磁头、磁粉探伤仪、脑磁图仪、个人计算机和显示器、冰箱门的开关检测、空调的风扇控制、汽车轮胎压力检测、踏板及变速器位置检测等众多领域中。

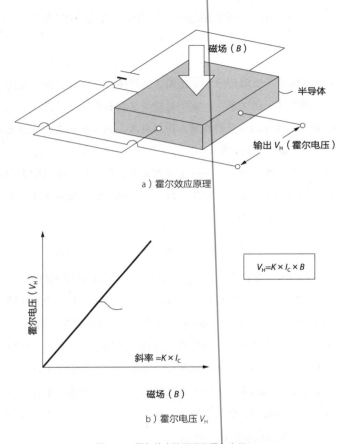

a）霍尔效应原理

$$V_H = K \times I_C \times B$$

b）霍尔电压 V_H

图 2-20　霍尔效应的原理及霍尔电压 V_H

I_C — 流经半导体的电流　　B — 施加在 I_C 垂直向上的电场强度

K — 霍尔元件的灵敏度

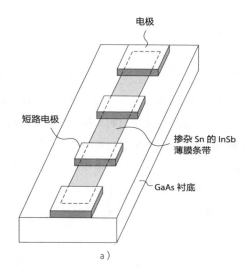

a）

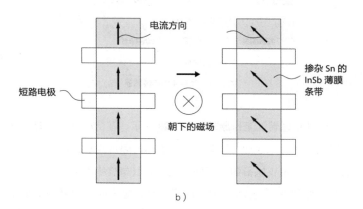

b）

图 2-21　磁阻传感器

2.11 气体传感器
——根据氧化锡的电阻变化来探测气体浓度

半导体气体传感器（见图2-22）由气敏元件、加热器和金属电极组成。气敏元件的主要材料是用于检测氧化铝衬底表面气体的氧化锡（SnO_2），氧化铝衬底背面是用于提高气敏元件检测灵敏度，起升温作用的加热材料，金属电极则分别连接在气敏元件和加热器上。气敏元件会在烧结的氧化锡粉末中，添加与待检测气体种类相对应的催化剂。

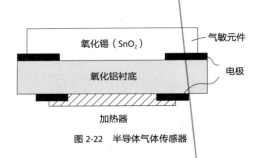

图 2-22　半导体气体传感器

气体传感器的工作原理如图2-23所示。在洁净空气中时，氧气吸附在氧化锡表面，因此氧化锡表面的附近没有自由电子，形成了只存在带正电荷的离子的壁垒，此壁垒被称为空间电荷层。将氧化锡加热至约400℃时，吸附在氧化锡表面上的氧接受半导体中的电子或与还原性气体（氢 H_2 等）作用而剥离，空间电荷层随之变薄，氧化锡颗粒之间的壁垒消失，电子更容易在氧化锡中流动。此时，气体浓度的变化就转换为氧化锡的电阻变化。

气敏元件利用向烧结的氧化锡粉末中添加与待检测气体种类相对应的催化剂这一点进行工作。

可用气体传感器探测的气体主要有普通家庭用的燃气、一氧化碳（CO）、垃圾和宠物产生的气体、挥发性有机化合物产生的气体等。气体传感器可以用在家中燃气泄漏报警器上自是毫无疑问，此外还可用作空气污染检测的传感器和自动控制通风扇或室内空调的传感器。近年来，MEMS 技术的进步使得微型、省电、成本低的 MEMS 气体传感器的应用领域逐渐扩大。

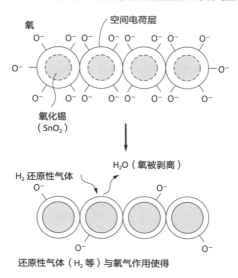

图 2-23　气体传感器的工作原理

2.12 触摸传感器与触控面板
——根据电容增加量来测量"触摸"

触摸传感器是测量人是否用手指触摸和触摸时所施加压力大小的传感器，是连接人与机器的人机接口（Man Machine Interface，MMI）的代表传感器之一。近年来，在"嵌入式设备"的人机接口上加入了可用手触摸或滑动的直观操作的触摸传感器。

触摸传感器的种类也很多样，在此仅以多用于智能手机和平板终端的触摸传感器和多用于触控面板的电容式触摸传感器为例进行说明。

电容式触摸传感器的基本结构和原理如图 2-24 所示，它是一种自电容式触摸传感器，通过检测单个电极与手指间的电容来判

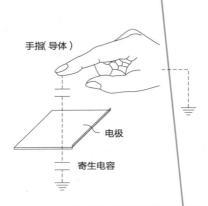

手指（导体）

电极

寄生电容

图 2-24　电容式触摸传感器的基本结构和原理

断其是否处于触摸状态。

电极与接地端（GND）之间原本就有一定的电容（称为寄生电容），当指尖靠近电极时，与寄生电容并列的新电容增加，导致总电容增加，所以通过测量电容的增加量就能测出触摸状态。

不需要按压手指，只需轻微触摸，触摸状态即可被感测到，不过当液体粘到操作表面时，电容也会改变，从而造成错误。

触摸传感器可应用在电梯按钮、自动门触摸开关以及以人型机器人为主的各类机器人的肢体上，用到触摸传感器的触控面板多是电容式触控面板。

电容式触控面板的结构和检测原理如图 2-25 所示，在玻璃衬底上，将氧化物半导体 ITO（氧化铟中添加了锡的化合物）的透明电极放在 X 方向与 Y 方向相互正交的位置，用指尖轻触此触控面板后，手指触碰位置对应的 X 与 Y 相交处的电容随之改变，因此可检测出触碰位置。

该触控面板属于"模拟电容耦合类型"，因为其不仅显示"触摸／未触摸"的数字信息，还可以检测手势操作，即可根据手指的移动和移动速度而做出不同的响应。电容式触控面板被广泛应用在智能手机、便携式游戏机、银行 ATM 和售票机等设备上。

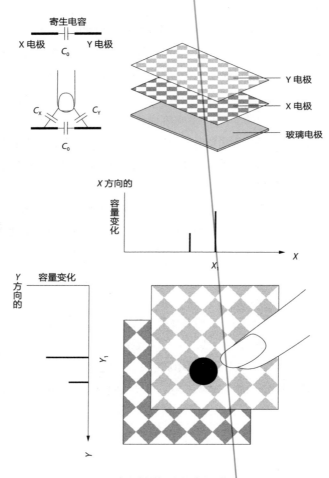

图 2-25　电容式触控面板的结构和检测原理

2.13 热敏电阻
——价格低、体积小、测量温度范围广

热敏电阻（Thermistor）的名字来源于英文"thermally sensitive resistor"，意为采用了电阻值随温度变化的氧化物半导体的温度传感器，用于热敏电阻的氧化物半导体由烧结主成分为金属氧化物的半导体陶瓷制成。

通常，半导体的电导率会随温度升高而增大，热敏电阻即是利用此特性来检测温度。热敏电阻的基本结构和工作原理如图2-26所示。

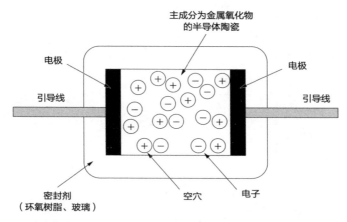

半导体陶瓷的主成分为金属氧化物，其内部电子和空穴（在第4章中说明）的数量随温度而改变，导致电阻值发生变化，因此利用热敏电阻的这个特性可测出温度，可测温度范围为 −50~150℃

图2-26　热敏电阻的基本结构和工作原理

　　热敏电阻的温度灵敏度是通过往氧化物半导体中加入添加剂来控制的。热敏电阻可分为 NTC（Negative Temperature Coefficient，负温度系数）热敏电阻、PTC（Positive Temperature Coefficient，正温度系数）热敏电阻和 CTR（Critical Temperature Resistor，临界温度系数）热敏电阻等类别，每类热敏电阻的电阻温度变化都具有不同的特性。

　　各类热敏电阻的特性比较情况如图 2-27 所示。NTC 热敏电阻的电阻值随温度升高而降低，所以它的温度系数是负的，此类热敏电阻多是由锰、镍和钴等金属氧化物制成的半导体陶瓷，用于温度测量和温度补偿等。

种类	特性曲线	特征	使用材料
NTC 热敏电阻	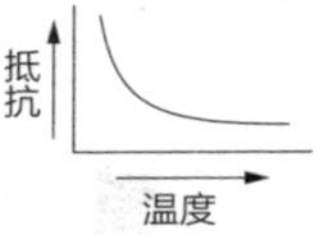 抵抗 / 温度	具有负温度系数	由锰、镍、钴等金属氧化物制成的半导体陶瓷
PTC 热敏电阻	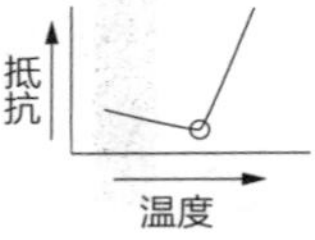 抵抗 / 温度	超过一定温度电阻突然上升	主成分为钛酸钡的半导体陶瓷
CTR 热敏电阻	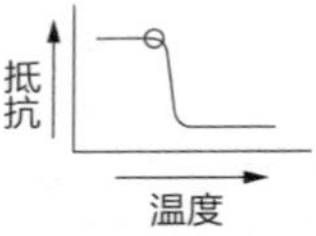 抵抗 / 温度	超过一定温度电阻突然下降	往氧化钒中加入添加物再烧结而成的半导体陶瓷

图 2-27　各类热敏电阻的特性比较

　　PTC 热敏电阻从某温度起电阻值急剧上升，所以它的温度系数是正的，此类热敏电阻多是钛酸钡的氧化物中放入添加物烧结而成的半导体陶瓷。

　　CTR 热敏电阻与 PTC 热敏电阻相反，是在超过某温度时电阻值急剧下降，是通过往氧化钒中加入添加物烧结制作而成的半导体陶瓷。

　　虽然热敏电阻的精度不是那么高，但因其具有价格低、体积小、寿命长以及可测温度范围广（达 $-50\sim150\,℃$）等特点，而被运用到数字温度计、电热毯和天气观测无线电探空仪等各类产品中。

从呼气数据中能诊断出癌症？
——用物联网随时随地任何人都可诊断

如上文所说，伴随着物联网的发展，将来会有 1 万亿个传感器连接到物联网。

将传感器与人的五感（视觉、听觉、嗅觉、味觉、触觉）对比，体积小、重量轻、精度高、价格低的味觉传感器和嗅觉传感器的水平还远远不够，如果能开发出先进的嗅觉传感器会为医疗和保健领域做出巨大贡献。

理由之一是现在已有关于生物气体与疾病之间关联性的研究成果。今天，关于呼出气体中所含成分或皮肤细胞间隙呼出气体与疾病之间的关联性的见解正在逐渐增多。例如，乙醛与肺癌，丙酮与糖尿病，氨、乙醇与肝硬化等，这样的生物气体诊断不仅有助于简单的健康检查，对治疗过程的观察也将大有帮助。今后随着可分析气体的种类和临床案例的增多，相关精度的提高，医学知识的扩展及理论根据的确定将变得很有必要。

作为为此目的而研究开发的传感器之一，采用了 MEMS 技术的 MSS（Membrane-type Surface Stress Sensor，膜型表面应力传感器）是一种超微型嗅觉分析传感器，该传感器利用了气体分子吸附于 MSS 表面的感应膜上时会轻微变形这一现象。

如果能够开发并量产这种"任何时候、无论哪里、谁都可以"的诊断装置传感器，将获得的数据传入物联网做大数据分析，就一定能做到早期且准确地诊断病情，实现医疗领域的创新发展！

第 3 章

物联网如何通过互联网
处理"物"的数据？

物联网的第二阶段——连接互联网
——数据传输前的基本知识

在物联网中，"万物"与互联网连接，那么具体是如何连接的呢？

在本章中，将对连接方法也就是数据传输方法进行说明，不过在详叙各项内容之前，先对一般性事项进行说明。在思考或选择连接方法时，首先必须考虑的是数据量的多少、传输速度的快慢、功耗的大小、传输距离的远近和传输的标准（协议）等。然后再思考与连接方式相关的其他事项，如需不需要接入点、通信量是否拥挤、成本和费用是否充足等。

思考以上内容之后，其实可以将物联网中的"物"分为三组（见表 3-1）。

表 3-1　物联网中的三组"物"

第一组"物"	第二组"物"	第三组"物"
"人" ≒ 信息终端	"机械" ≒ 各类设备、装置	"物体" ≒ 物
个人计算机 智能手机 平板终端 …	家用电器 工业机械 监控摄像机 自动售货机 …	传感器 …

　　第一组"物"是"人"，即与人直接接触的信息终端，如个人计算机、智能手机和平板终端等；第二组"物"是所谓的"机械"，也就是各类设备、装置；第三组"物"是以传感器为代表的"物体"，如家用电器、工业机械、监控摄像机、自动售货机等。因此，第二组"物"范围最广，既有接近第三组的"物"，也有接近第一组的"物"。

　　如图 3-1 所示，各组"物"与互联网上的云服务器，通过 Web、Wi-Fi、3G、长期演进技术（Long Term Evolution，LTE），

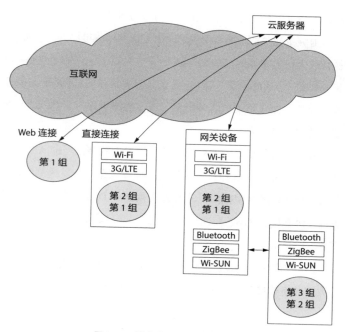

图 3-1　"物"与互联网的连接方法

或通过蓝牙（Bluetooth）、紫蜂（ZigBee）、无线智能公用网络（Wireless Smart Utility Network，Wi-SUN）等近距离通信技术的网关（GW）转接器相连并发送和接收数据。

无线通信可分为三个组成部分。下面以物联网中使用的无线通信为例，来了解应用在其中的半导体器件的主要功能。无线电设备大致分为三个部分：天线、射频（Radio Frequency，RF）单元和基带单元。

天线是向空中发射和从空中接收无线电波的设备；射频单元是处理穿梭在空中的电磁波信号的部分；基带单元是将模拟信号转换为数字信号之后处理各种数字信号的部分。

射频单元包括切换与天线之间的发送和接收电路的"开关"、执行放大信号功能的"放大电路"（放大器）、仅能通过指定频率电波的"带通滤波器"（BPF）、产生参考信号的"本地振荡器"、恢复原信号接收侧的"解调电路"或"检测电路"、改变发送侧载波的"调制电路"等。

基带单元的接收侧有将模拟信号转换为数字信号的 A/D 转换器（ADC）和处理各种数字信号的"接收电路"，发送侧则包含将数字信号转换为模拟信号的 D/A 转换器（DAC）与处理通信协议的"协议栈"电路。而这些所有电路一起组成了半导体器件（见图 3-2）。

以上内容中虽出现了各种名词，但只要从"连接"的角度抓住大的脉络就足够了，详细内容会在下节说明。

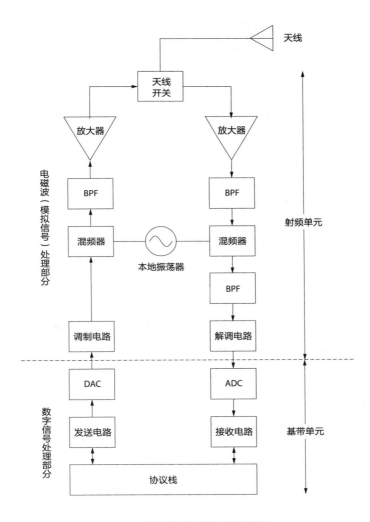

图 3-2　一般无线设备所用的半导体器件

3.2 从通信距离看无线通信标准的区别
——从流行的射频识别（RFID）到蓝牙、Wi-Fi

无线通信网络技术根据与连接设备间交换数据的标准距离（见图 3-3）进行分类，按由近到远的距离可分为近场通信（10m 以下）、无线 PAN（10~20m）、无线 LAN（100m 以下）、无线 WAN（100km 以下）、无线广域网（超过 100km）。

1. 近场通信

近场通信（Near Field Communication，NFC）是近场无线通信的国际标准，即在 10cm 范围内可双向通信的 Felica 向下兼容标

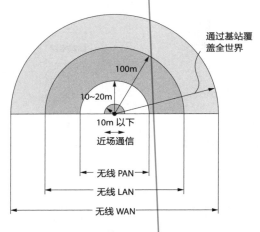

图 3-3 依据通信距离划分的无线通信技术类别

准。此外，在近场无线通信时还有使用高频电波在读取器 / 写入器上读写记录无线 IC 标签（RF 标签）上的个别信息的技术，该技术名为射频识别（Radio Frequency Identification，RFID）。

2. 无线 PAN

无线 PAN 也可称为无线个人域网（Wireless Personal Area Network，WPAN），是可覆盖 10m 范围内（隔着一个人和一张桌子的距离）的无线通信技术。无线 PAN 有蓝牙（Bluetooth）和紫蜂（ZigBee）两种方式。

蓝牙在 2.4GHz 频带内的通信距离为 10m，通信速度为 1~24Mbit/s，协议是 IEEE802.15.1。蓝牙与设备的连接简单且省电，故主要用于连接小型设备，如鼠标和键盘等个人计算机的外围设备、智能手机、耳机和音乐播放器等。

紫蜂在 2.4GHz 频段内的通信距离为 1~300m，通信速度为 20~250kbit/s，协议为 IEEE802.15.4。紫蜂与蓝牙在睡眠恢复时间方面有很大差异。由于紫蜂具有可连接多个终端的特征，可同时收集物联网系统的多个传感器信息，预留出固定的时间段来发送数据，所以其余时间的功耗就得到了控制。因此，其主要应用于传感器数据的收集或工厂自动化（Factory Automation，FA）的测量与控制。

3. 无线 LAN

无线 LAN，也称为无线局域网（Wireless Local Area Network，WLAN），可覆盖 100m 范围的无线通信技术，通信标准是 IEEE802.11，且目前 Wi-Fi 已成为全球通用标准。

Wi-Fi 在 2.4（5）GHz 频带内的通信距离约为 100m，通信速度为 11~54Mbit/s，协议为 IEEE802.11x。Wi-Fi 可用于数据通信和互联网连接，除了家庭和办公室，还能安装在酒店、咖啡馆、便利店、公共设施（如火车站和机场）等热点地区，可免费使用 Wi-Fi 的环境也在不断增多。

蓝牙、紫蜂和 Wi-Fi 的特征见表 3-2。

表 3-2　常用无线技术的比较

	蓝牙	紫蜂	Wi-Fi
频率 通信距离 通信速度 协议	2.4GHz 10m 1~24Mbit/s IEEE802.15.1	2.4GHz 1~300m 20~250kbit/s IEEE802.15.4	2.4（5）GHz 100m 11~54Mbit/s IEEE802.11x
特征	连接设备简单 省电 鼠标、键盘、智能手机、耳机、音乐播放器	睡眠恢复时间短 可连接大量终端 传感器数据收集 工厂自动化的测量与控制	数据通信 网络连接 家庭 办公室 酒店 咖啡馆 便利店 公共设施（火车站、机场）

4. 无线 WAN

WAN（Wide Area Network）是路由器之外的世界，即它是网络运营商或供应商管辖的广域通信网络，利用光纤或有线电视线等。当前的主流是 LTE（Long Term Evolution），也被称为第 3.9/4 代移动通信技术（3.9/4G）。无线 WAN 具备利用移动电话或 PHS

等无线通信设备连接到大范围网络的功能。

　　下面来介绍一下 LAN、WAN 和互联网之间的基本差异。假设现在某大型生产厂家在东京设有总部，在日本国内和海外也有多家工厂，在这种情况下，总部和各工厂内的内部网络就是 LAN，而连接世界各地 LAN 的网络则是 WAN。

　　可以说，LAN 和 WAN 都是"封闭的网络"，在这个封闭网络中，网络管理员决定各种设置或用户使用权限，监控未经授权的访问和用户。

　　互联网则是一个开放的网络，没有网络管理员，只要按照被制定的作为通用规定的协议或 IP 地址操作，任何人都可以连至互联网。当然，LAN 或 WAN 中如果设定条件，也能将该公司可公开的信息上传至互联网。

3.3　聚焦于物联网的新无线通信技术

——无线 PAN、无线 LAN、无线 WAN 的物联网通信标准

在上一节对以通信距离分类的无线通信技术进行了说明，本节在此基础上，将探讨聚焦于物联网的无线通信技术（见表 3-3）。近场通信（NFC 和 RFID）将放在下一节中介绍。

1. 无线 PAN

物联网中的无线 PAN 是用于到网关或智能手机为止的近距离通信，理论上可同时收集多个传感器发出的数据。此无线 PAN 有低功耗蓝牙（Bluetooth LE）、紫蜂 IP（ZigBee IP）和 Wi-SUN 这几种。

（1）低功耗蓝牙

低功耗蓝牙即低能耗、省电，也可缩写为 BLE 和 BTLE。低功耗蓝牙使用 2.4GHz 频段，最大通信速度为 1Mbit/s，通信距离为 2.5~50m，一个纽扣电池功耗低到可使用数年。低功耗蓝牙不限制同时连接的数量，但与传统蓝牙不兼容。

（2）紫蜂 IP

紫蜂 IP 的 IP（Internet Protocol）是互联网协议的意思，具体是指 IPv6（版本 6），也就是通过将传统 IPv4 用 32 位管理的 IP 地址改为用 128 位表示管理，可以分配那些为防止未来 IP 地址资源枯竭而储备的地址。紫蜂 IP 使用 920MHz 频段，通信速度为 50~400kbit/s，通信距离约 1km。

表 3-3　聚焦于物联网的无线通信技术

分类	主要用途	标准名称	频段	通信距离	通信速度	特征
PAN	用于到网关和智能手机的近距离通信，理论上可同时收集多个传感器的数据	低功耗蓝牙	2.4 GHz	2.5~50m	最大 1Mbit/s	纽扣电池功耗低到可使用数年，同时连接的数量不限，支持 IPv6
		紫蜂 IP	920MHz	~1km	50~400kbit/s	支持 IPv6
		Wi-SUN	920MHz	~1km	50~400kbit/s	源于日本的世界标准。使用的干电池的寿命可长达 10 年；针对智能电表和 HEMS；支持 IPv6
LAN	针对 M2M/IoT 的 Wi-Fi 新标准；可覆盖办公室或公共设施的中等距离通信	Wi-Fi Hallow	920MHz	~1km	最大 78Mbit/s	与无线 PAN 相比，容量大、省电且可以广范围使用，标准名是 IEEE802.11ah
WAN	高速、可将大量数据传遍全球	LPWA、窄带物联网（NB-IoT）、5G 等				LPW、窄带物联网主要在欧洲实际使用；目标使用 5G；有望支持智能互联汽车（作为物联网时代信息终端的汽车）等

（3）Wi-SUN

Wi-SUN 是 Wireless Smart Utility Network 的缩写，是源自日本的全球无线通信标准，使用 920MHz 频段，通信速度为 50~400kbit/s，通信距离约为 1km，支持 IPv6 网络。它使用的干电池的寿命可长达 10 年，有功耗超低和抗噪性强的特征。它被应用在功耗自动计量系统上，并将会继续在智能电表和通过监控屏使电力、燃气的消费可视化和自动控制的家庭能源管理系统（Home Energy Management System，HEMS）等系统中发挥作用。

2. 无线 LAN

Wi-Fi Hallow 是面向 M2M / IoT 的 Wi-Fi 新标准，是低功耗且可以覆盖办公室或公共设施等大范围的中等距离无线通信方式。它使用 920MHz 频段，通信速率高达 78Mbit/s，通信距离约为 1km。与无线 PAN 相比，其有高速、容量大、省电和面积范围大的特征，通信标准是新的 IEEE802.11ah。

3. 无线 WAN

可作为支持物联网的标准，主要有在欧洲实际使用的 LPWA（Low Power Wide Area network）、窄带物联网 （Narrow Band-IoT，NB-IoT）和 5G 等，有望应用于智能互联汽车（作为物联网时代信息终端的汽车）。

近场通信（NFC 和 RFID）
——从 Sulca 到 IC 驾驶证、IC 标签

接下来将对近场通信技术的典型代表、与物联网关系匪浅的 NFC 和 RFID 进行说明。

1. NFC

NFC（Near Field Communication）就如其名 Near Field，是使用无线电的近场通信技术的标准。NFC 使用短波 HF 频段（Hi Frequency 13.56MHz），最大通信速度仅为 424kbit/s，因此应用在仅有几厘米的近距离通信区域内，实现少量数据的双向传输。

NFC 是由索尼和飞利浦 NXP 公司共同开发的近距离无线通信的国际标准，属于 Felica 的向下兼容标准。NFC 是"凑近通信"，例如只要将具有 NFC 功能的智能手机凑近电视机，手机中的照片就能显示到电视屏幕上，或者只要凑近打印机即可打印出手机中的照片。

NFC 的相关标准见表 3-4。索尼的独有标准 Felica 是 10cm 以下的接近型，应用于日本铁路公司的 Suica（预付型通用乘车卡和电子货币）、以关东地区为中心的 PASMO（公共交通机关的通用乘车卡和电子货币）、Edy（电子货币）等主流卡上（图 3-4）。

ISO14443–TypeA 标准是 10cm 以下的接近型且已在全世界普及，应用在企业考勤管理等领域。ISO14443 TypeB 是 10cm 以下的接近型，应用在 IC 驾驶证和居民登记卡等主流卡中。ISO15693 是 70cm 以下的接近型，应用在 IC 标签等器件中。

表 3-4　NFC 的相关标准

标准	Felica	ISO14443 TypeA	ISO14443 TypeB	ISO15693
频段	13.56MHz			
通信距离	10cm 以下（接近型）	10cm 以下（接近型）	10cm 以下（接近型）	70cm 以下（接近型）
主流卡	Suica PASMO Edy	Mifare	IC 驾驶证 居民登记卡	IC 标签

注：ISO（International Organization for Standardization）是国际标准化机构。

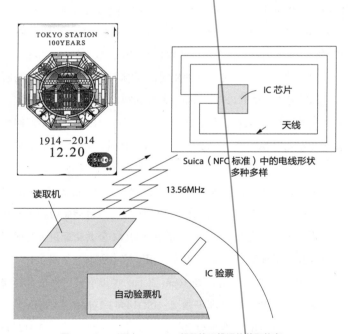

图 3-4　Suica 通过 13.56MHz 频段的无线通信获取信息

2. RFID——比 NFC 更广的标准

RFID（Radio Frequency IDentification）是指使用高频电波在读取器（写入器）上读写存储在无线 IC 标签（RF 标签）中的个别信息的自动识别技术，是数厘米到数米的近场通信。

RFID 与条形码的不同之处在于可以读写数据，可以执行单独的 ID 管理，读取容易，并且可以一次性读出多个物体或人的 ID。RFID 基本由 3 个要素构成：IC 标签和读取器（写入器），与 ID 相关的数据库，连接读取器（写入器）、数据库和应用程序的中间件。

RFID 有电磁感应和无线电波两种方式（表 3-5 和图 3-5）。电磁感应方式有使用中频（135kHz 以下）且通信距离为 10cm 以下的，也有使用高频（13.56MHz）且通信距离为 30cm 以下的。无线电波方式有使用 UHF 频（433MHz）且通信距离为 100m（带电池）以下的，也有用 UHF 频（900MHz）且通信距离为 5m 以下的，以及使用微波（2.45GHz）通信距离为 3m 以下的。

表 3-5　RFID 的两种方式

方式	电磁感应方式		无线电波方式		
使用电磁波	中频（MF）	高频（HF）	特高频（UHF）		微波
频率	~135kHz	13.56MHz	433MHz	900MHz	2.45GHz
通信距离	~10cm	~30cm	~100m（带电池）	~5m	~3m

从以上说明可以看出，NFC 属于 RFID 电磁感应方式中的高频（13.56MHz）通信方式。

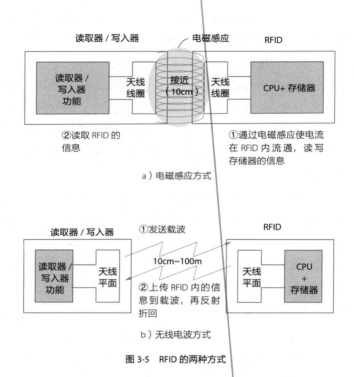

a）电磁感应方式

b）无线电波方式

图 3-5　RFID 的两种方式

因物联网而改变的数据处理与存储
——FPGA、Fog、SSD 等不断涌现的新概念

在要上传超乎想象数量级的数据至互联网的物联网时代，必须有数据处理和存储（数据的保管）的新技术和新想法。在此以数据处理重要元器件的变化趋势（见表 3-6）为基础，来思考大数据处理与存储当前所面临的问题以及未来的前进方向吧。

表 3-6　数据处理重要元器件的变化趋势

	现在	进行中	将来
元器件	微处理器（MPU）	FPGA[①]	神经形态芯片
特征	靠软件更改操作的通用元器件	用户可编辑逻辑内容的专用运算电路 可一次性执行复杂的算术算法，通过并行实现高速化 与传统微处理器相比，单位电力的性能提升 10~25 倍	形态上模仿人类神经元的、非冯·诺依曼结构的全新元器件 拥有人类右脑的数据处理能力 单位电力的性能飞跃提升 通过与传统左脑式计算机组合，人工智能（AI）技术飞跃发展

① FPGA（Field Programmable Gate Array）是用户可自行更改逻辑功能的专用运算电路。

1.　数据处理（从微处理器到 FPGA）

在最先进的数据中心，把用于数据处理的微处理器（计算机的大脑部分）称为 FPGA（Field Programmable Gate Array），是用户可自行更改逻辑功能的专用运算电路，而且此类专用运算电路越来越多，其原因在于使用 FPGA 对于一次性执行复杂

的算术算法非常有效，并且通过并行连接的方式，快速处理也将成为可能。

实际上，相比传统的微处理器，FPGA 的单位电力性能高出 10~25 倍，这是因为传统微处理器通过变更软件的方式来改变各种功能，而 FPGA 可以根据不同目的化身为"专用机器"。

未来，非冯·诺依曼型半导体芯片会取代今天通过 CPU 依次读取并处理存储在记忆卡中的程序的冯·诺依曼型计算机。非冯·诺依曼型半导体芯片与以往的芯片不同，它是通过硬件平台模拟人类神经元工作的半导体芯片，拥有人类右脑的数据处理功能。

在数据中心，虽然使用 AI 技术来执行数据搜索、选择、结构化、定义、判断等操作，但通过将传统左脑式功能的计算机与神经元芯片相结合，数据处理能力将获得飞跃性的提升。

物联网的数据处理是指传感器将庞大且千差万别的数据通过复杂网络上传至远程云，进行处理和存储，这种方式既不高效，成本负担也过大，因此在处理器微型化和高性能化的背景下，应该尝试使可穿戴设备等"物"具备数据处理功能，在这些设备上实时处理获取的信息。

此外，应在终端附近发展深度学习的 AI 技术，收集到的数据先不全部上传至云端，而是在附近的微型数据中心（MDC，见图 3-6）中处理，仅将必要的数据传到云端，这种方式也受到了广泛关注。这一方式被称为雾计算，是一种尽可能在终端附近处理信息的方式。

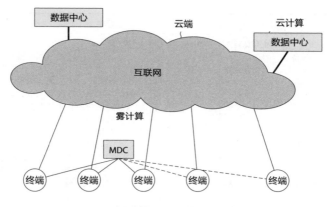

图 3-6　从数据中心到微数据中心

2.　数据存储

数据中心的大数据存储领域也开始发生大变化，以往使用硬盘驱动器（HDD）作为辅助存储器的地方改用以 NAND 型闪存作为存储介质的 SSD（Solid State Drive），或改用集成多台 SSD、可进行一体化管理并操作的闪存阵列。由此，可减少数据中心三分之一的运营成本（电费），大幅降低运行成本。

再来，高访问速度且非易失的万能存储器的研究开发也在进行中，它可以取代需恒定电源且需定期刷新存储内容的主存储器 DRAM。万能存储器不仅耗能显著降低，而且对存储器以及数据处理系统整体都将产生重大影响（见表 3-7）。

NAND 型快闪存储器和万能存储器将分别在第 4 章和第 5 章进行介绍。

表 3-7　数据中心的数据存储领域的动态

		现在	进行中	今后
存储设备	主存储器	DRAM	→ DRAM →	→ 万能存储器
	辅助存储器	HDD	→ SSD 快闪存储器 闪存阵列 　通过降低功耗来降低数据中心的运行成本	将 DRAM 高速写入和读取的特征与闪存的非易失性相结合，从而降低功耗，且有改变信息系统整体的可能性

注：1. DRAM（Dynamic Random Access Memory）即动态随机存取存储器。

　　2. HDD（Hard Disc Drive）即硬盘驱动器。

　　3. SSD（Solid State Drive）即 NAND 型闪存的存储介质。

　　4. NAND 型快闪存储器：基 AND 的否定原理制成的快闪存储器。

　　5. 闪存阵列：集成多台 SSD 进行一体化管理并操作。

3.6 物联网时代新的安全风险
——万物与互联网连接的危险性

目前信息安全方面运用的是基于传统 IT 设备发展起来的技术，来到物联网时代，很有必要制订新的安全策略，但正因为在物联网中万物都连着互联网，所以需采取与以往不同的、新的安全对策。在制订策略过程中，具体面临如下情况（见图3-7）：

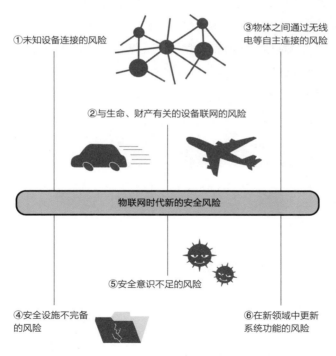

① 未知设备连接的风险

③ 物体之间通过无线电等自主连接的风险

② 与生命、财产有关的设备联网的风险

物联网时代新的安全风险

⑤ 安全意识不足的风险

④ 安全设施不完备的风险

⑥ 在新领域中更新系统功能的风险

图 3-7 物联网时代新的安全风险

①软件或硬件意外连上未知设备。

②与生命、财产有关的设备或系统相连。

③物体之间通过无线电等自主连接。

④受成本限制，安全策略易被省略。

⑤安全可能被视为后端系统和云服务的责任，不受用户重视。

⑥还未建立系统升级所需功能。

这些情况会引发设备中的个人信息和数据流出而导致泄密、由于数据被篡改导致不完整的异常操作、软件和数据无法使用等问题，并非要求一个技术解决所有问题，但需要研发加密、认证、电子签名和访问限制等相关的高科技。

过去的 IT 设备主要通过软件来保障安全，物联网设备则是将被称为安全芯片的 IC 芯片安装在硬件中来应对安全风险，这种方式值得期待。

第 4 章

加速物联网发展的
半导体器件的真面目

4.1 物联网中的新半导体器件
——朝更高速数据处理方向努力

在物联网中，作为"物"连接在互联网中的边缘器件（连接在网络末端的元器件），在网络节点上起连接作用的通信设备，以及对上传到互联网的大数据进行各种加工并提供云服务的 IDC（互联网数据中心）中的处理设备，都大量使用了多种多样的半导体器件。

其中，传感器是最简单的"物"，如第 2 章所述，在智能传感器和传感器模块中，除了半导体传感器和 MEMS 传感器外，还有用于处理数据（信息）和通信的各种逻辑电路、存储器及其他半导体器件。

另外，在"物"中，从一般机器、设备到信息终端，所使用的半导体器件也变得更多样、多功能、高性能和多数量。如，从家用电器、工业设备、机械设备、医疗设备、运输设备到嵌入式系统（为实现特定功能而被嵌入机器或设备中的计算机系统），再到个人计算机等通用系统，这种趋势都越来越明显。

各种通信设备和 IDC 的处理设备，其功能不同，采用的主要半导体器件也会有所不同，但基本情况是相同的（见表 4-1）。

表 4-1 数据处理设备与半导体器件

	数据处理设备			
	服务器 （含 IDC）	个人计算机	嵌入式系统	智能传感器
使用 CPU	CISC 型 MPU 的高端型号是主流，还有一部分是 RISC 型 MPU	CISC 型 MPU	RISC 型 MPU 是主流	MCU 是主流
特征	超高性能	高性能	低电压工作	中等性能且外围电路结构紧凑
硬件 / 软件比率	低 ━━━━━━━━━━━━━━━━━━➤ 高			
除 CPU 之外的半导体器件	高性能，多为通用 LSI	高性能，多为通用 LSI	多为专用 LSI	种类和数量少

注：相对服务器及个人计算机的"通用系统"而言，嵌入式系统是实现特定功能的机器，其中内置了计算机系统，因此被广泛用于家电（智能家电）产品、工程机械（设备）、医疗设备、运输设备等。

在这里，我们重点关注数据（信息）的处理，并特别提出以下几点：

1. 物联网设备的核心

首先，在个人计算机的通用系统里，计算机的核心 CPU（中央处理单元）使用被称为 CISC 型 MPU（复杂指令集微处理器）的半导体芯片，而云服务器使用的是高性能 CISC 型 MPU 的高端产品。

在移动设备的嵌入式系统中，主要使用低电压和低功耗的 RISC 型 MPU（精简指令集微处理器）。在更小型的设备中则使用 MCU（微控制单元）或单片微型计算机的芯片。

2. 高速 CPU——FPGA 和高速存储器——SSD

最近的新趋势是在 IDC 服务器上使用 FPGA 或 MPU 和 FPGA，或是在 IDC、PC 上局部使用含快闪存储器的 SSD 代替辅助存储器的 HDD。

传统服务器基于 CISC 和 RISC 型微处理器，用软件改变运算功能。如前面所说微处理器是"通用机器"，虽然运算处理的变化较灵活，但它不擅长复杂的数值处理算法（处理速度不快）。

因基于 FPGA 的服务器以固定数值运算处理为目的，有专用运算电路，所以在加速搜索引擎和信息发送系统等方面，有可能实现超高速处理。另外，并行处理机制也能提高处理效率。经过实际比较，得到了 FPGA 比微处理器快 10 倍的结论。

虽然 HDD 通过高速旋转磁盘来执行数据的写入 / 读取操作时，会有耗电、散热和写入 / 读取速度慢等问题，但由于价格低，它的性价比仍优于快闪存储器。不过近年来，随着三维 NAND 快闪存储器的出现，价格差距正逐渐消失，且正向着性能优越得多的闪存 /SSD 迅速发展（见图 4-1）。

除了这些半导体器件之外，还有具备信息存储、逻辑运算等其他功能的主流半导体器件，将在本章的下一节中详细介绍。

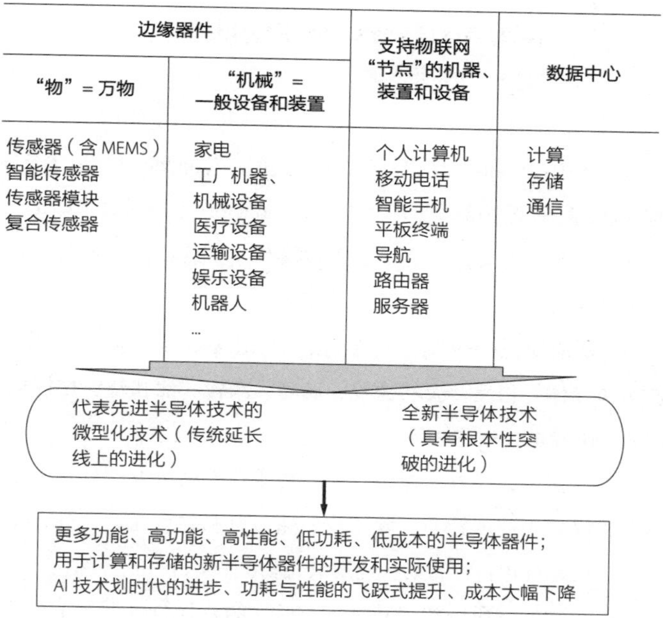

边缘器件		支持物联网"节点"的机器、装置和设备	数据中心
"物"= 万物	"机械"=一般设备和装置		
传感器（含 MEMS） 智能传感器 传感器模块 复合传感器	家电 工厂机器、 机械设备 医疗设备 运输设备 娱乐设备 机器人 …	个人计算机 移动电话 智能手机 平板终端 导航 路由器 服务器	计算 存储 通信

代表先进半导体技术的微型化技术（传统延长线上的进化）　　　全新半导体技术（具有根本性突破的进化）

更多功能、高功能、高性能、低功耗、低成本的半导体器件；
用于计算和存储的新半导体器件的开发和实际使用；
AI 技术划时代的进步、功耗与性能的飞跃式提升、成本大幅下降

图 4-1　物联网中半导体器件的进化方向

4.2 必须知道的"半导体 ABC"
——半导体的种类、性质与用途

英语中"semi-"是"一半"的意思，"conductor"是"导体"的意思，两个英语单词合并为"semiconductor"，翻译过来即是"半导体"。顾名思义，所谓半导体即仅有一半是具备导体性质的元素或者物质。

众所周知，在各种物质中金、银、铜、铝这样的金属导电性更好，被叫作导体。相反，天然橡胶、玻璃、陶瓷、油和塑料这样的物质几乎不导电，被称为绝缘体。

可见，被称为半导体的元素或物质在导电性方面具有介于导体和绝缘体中间的特质，除了硅、锗、硒和碲等元素之外，半导体还包括各种化合物和某些金属氧化物。

而不同的物质种类，其电流流通性的差异与电阻大小有关。电阻值又部分取决于物质的形状，单位面积和单位长度的物质其电阻值（R）被称为电阻率或比电阻（ρ），是该物质特有的物理量。

我们根据电阻率对物质进行了分类，见表4-2。从中可以看出，半导体的电阻率具有广阔的分布范围。而且，同一种半导体的电阻率会随纯度、相态、导电杂质的浓度以及其他环境条件的不同，发生显著的变化。

表 4-2 按电阻率对物质进行分类

电阻（Ω·cm）	物质名	特征	举例
10⁻¹²（皮） 10⁻⁹（纳）	导体	导电性好	金（Au）、银（Ag）、铜（Cu）、铁（Fe）、铝（Al）
10⁻⁶（微） 10⁻³（毫） 1 10³（千） 10⁶（兆）	半导体	电阻率介于导体和绝缘体的中间，但物理条件不同时电阻率发生显著的变化	硅（Si）、锗（Ge）、硒（Se）和碲（Te）、GaAs、Gap、GaN、InP、CdSe、AlGaAs...
10⁹（吉） 10¹²（太）	绝缘体	不导电	天然橡胶、玻璃、陶瓷、油、塑料

注：物理条件是指半导体的纯度、相态、导电杂质的浓度以及半导体所处的温度、湿度、压力、加速度等环境条件。

见表 4-3 按构成元素对半导体进行了分类，大致分为元素半导体、化合物半导体和氧化物半导体。

元素半导体是由单一元素组成的半导体，包括第Ⅳ族的硅、锗、金刚石和第Ⅵ族硒和碲等，其中硅（Si）广泛用于多个领域，如计算机的 CPU、微型计算机、各种逻辑和存储器、大规模集成电路（LSI）、传感器、功率器件和太阳能电池等。

化合物半导体是由两种或两种以上元素的化合物为主要材料的半导体，根据组成元素的数量可细分为二元化合物半导体、三元化合物半导体和四元化合物半导体。二元化合物半导体中含砷化镓、氮化镓、磷化铟和镉等。三元化合物半导体中含砷化铝镓、镓铟砷等。四元化合物半导体含砷化铝镓铟，砷氮化镓铟等。化

合物半导体主要应用于高频器件、功率器件、太阳能电池、发光
二极管和半导体激光器等方面。

表 4-3　按构成元素对半导体进行分类

种类	特征	举例	应用领域
元素半导体	由单一元素组成	第Ⅳ族：硅（Si）、锗（Ge）、金刚石（C）第Ⅵ族：硒（Se）、碲（Te）等	大规模集成电路 CPU 微型计算机 逻辑 存储器 传感器 功率器件 太阳能电池
化合物半导体	由两种以上的元素的化合物组成；构成元素数量：二元 三元 四元 组合：Ⅲ - Ⅴ族 Ⅱ - Ⅵ族 Ⅳ族	砷化镓（GaAs）磷化镓（GaP）氮化镓（GaN）磷化铟（InP）硒化镉（CdSe）金刚砂（SiC）…AlGaAs AlInAs GaInAs …AlGaInAs GaInNAs …	高频器件 功率器件 太阳能电池 发光二极管 半导体激光器
氧化物半导体	由某种金属氧化物构成	氧化锡（SnO）氧化锌（ZnO）ITO IGZO …	传感器 超导体 透明电极 TFT

注：1. ITO 即氧化铟锡。

　　2. IGZO 即氧化铟镓锌。

　　3. TFT（Thin Film Transistor）即薄膜晶体管，可作为展览时的有源矩阵或背板应用在液晶和有机 EL（电致发光）等领域。

氧化物半导体则是由某种金属氧化物构成,有氧化锡、氧化锌、氧化铟锡(ITO)、氧化铟镓锌(IGZO)等,应用在传感器、超导体、液晶或有机 EL 的透明电极或源矩阵的薄膜晶体管等方面。

半导体除了按构成元素分类外,还可按有无导电杂质分为本征半导体和杂质半导体(见表 4-4)。实际上,大多数元素半导体和化合物半导体既有本征半导体的特性也有杂质半导体的特质,但更多是作为杂质半导体被使用。

表 4-4　本征半导体和杂质半导体

种类	特征
本征半导体 (Intrinsic semiconductor)	由不含导电杂质的纯净元素组成
杂质半导体 (Impurity semiconductor)	在本征半导体中掺入微量导电杂质

自由电子与空穴有何区别?
——N 型硅和 P 型硅

要说半导体材料的代表,非硅(Si)莫属,在此以硅为例来一探半导体的重要特性。

1. 用于制作半导体的硅的特性

硅的原子序号为 14,是属于第Ⅳ组的元素,硅原子(见图 4-2)核外共有 14 个电子,从原子核内层起最里层即 K 壳层中有 2 个电子,中间层即 L 壳层中有 8 个电子,而最外层 M 壳层中有 4 个电子。硅原子在三维空间有规律地排列成单晶硅,单晶硅的结构模型如图 4-3 所示。

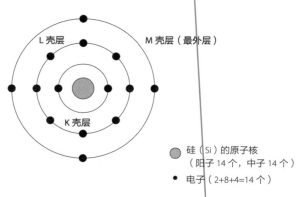

L 壳层　　　　　　　　M 壳层(最外层)

K 壳层

● 硅(Si)的原子核
　(阳子 14 个,中子 14 个)

• 电子(2+8+4=14 个)

图 4-2　硅(Si)原子

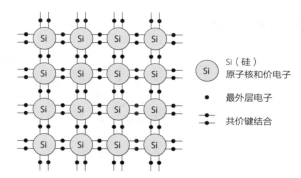

硅原子与周围其他 4 个硅原子都交出最外层的电子，配成
电子对并结合（共价键结合），由此规则地排列在一起

图 4-3　单晶硅的结构模型（平面图）

单晶硅形成这样的结构是因为 1 个硅原子中的 4 个决定原子
化学性质的最外层电子和其他硅原子交出的电子，配成电子对并
结合（共价键结合），结合时出现 4 条共价键。

虽然硅单晶是本征半导体，但在许多实际情况中，它们通过
添加可导电的杂质元素而被当作杂质半导体使用，因此我们可将
单晶硅视作杂质半导体。

2. 自由电子与空穴

如图 4-4 所示，让我们来思考一下在纯单晶硅中加入少量的
砷或磷，将单晶硅晶格点处的一个硅原子代之以砷原子或磷原子
的情况。砷和磷是 V 族的原子，最外层有 5 个电子，因此，砷最
外层的 4 个电子与周围的 4 个硅原子形成 4 条共价键，而达到稳定，

但却有 1 个电子多出来，这个电子不被原子核束缚，可以在硅晶体中自由移动，故被称为自由电子。

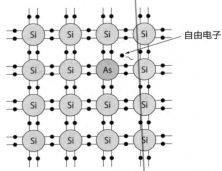

因输送电的载流子是带有负电荷（Negative charge）的电子（自由电子），故被称为 N 型硅

图 4-4　N 型硅（载流子是负电荷电子）

在此状态的硅中，其中的载流子（电荷的运输者）是电子并带有负电荷，故取英文单词"Negative"的 N，将此状态的硅命名为 N 型硅，而作为导电杂质的砷和磷由于能提供自由电子而被称为电子供体。

另一方面，如图 4-5 所示，让我们来思考向单晶硅中加入微量硼的情形。硼是一个Ⅲ族的原子，最外层中有 3 个电子。因此，硼的 3 个电子与周围的 3 个硅原子形成 3 条共价键而达到稳定，但由于硅还有 1 个电子没有共价电子，所以共价键是自由的状态，这可以看作是由于空出 1 个电子而产生的空穴。

如果给这种状态的硅加上电场，附近的电子就会填进这个空穴，形成新的空穴，然后再由下一个电子填补进来。从外部来看，与其将它看成逐个填补空穴，不如看成空穴从反方向移动过来，这样会更好理解，也更容易将此现象公式化。因空穴带有正的电荷（Positive charge），所以被称为 P 型硅，而导电介质硼因接收了电子而被称为电子受体。

掺杂了微量导电杂质的硅，电阻随杂质浓度变化而变化，浓度越高导电性越好。不仅单晶硅杂质半导体是这样，其他半导体也是如此。

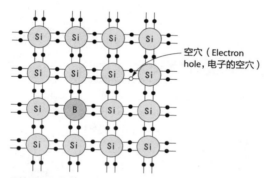

空穴（Electron hole，电子的空穴）

因输送电的载流子是带有正电荷（Positive charge）的空穴，故被称为 P 型硅

图 4-5　P 型硅（载流子是空穴）

半导体器件的种类与功能
——半导体和集成电路的分类

上一节对半导体进行了基本介绍，本节将对半导体和集成电路进行详细的分类，分类后会出现诸多名词，详细内容将会在下节中进行说明，现在暂且了解大概。

1. 单个半导体与集成电路

如图 4-6 所示，从"工作"的角度对半导体器件进行分类时，

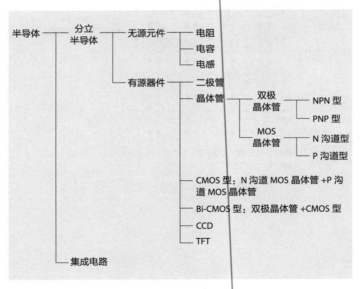

图 4-6 半导体的分类

可以分为具备单一功能的单个器件即分立半导体和由多个器件组成的集成电路。

分立半导体（也称为分立器件）中包括如电阻器、电容器、电感器等被动性功能的无源元件，也包括具有主动性功能的有源器件，如二极管、晶体管、CMOS 型、Bi-CMOS 型、CCD 和 TFT 等。

晶体管大致可分为双极晶体管和 MOS 晶体管。CMOS 型是 MOS 晶体管的组合；Bi-CMOS 型是双极晶体管与 CMOS 型的组合；CCD 是用于传输电荷（电子）的元件，多应用在照相机的图像传感器中；而 TFT 是由多晶硅或非晶硅构成的薄膜晶体管，主要用于液晶屏和有机 EL 的背板上。

集成电路如前面所述，是将多个、各种各样的分立半导体装在晶圆（单晶硅的薄圆板）上，再用线串联起来，以此实现一体化电路的功能。如图 4-7 所示，实际上，硅晶圆上有大量集成电路芯片，它们被装入管壳中，通过芯片上的各种电极和管壳的针脚相连，而形成整体，即集成电路。

2. 按所处理的物理量对半导体进行分类

如图 4-8 所示，半导体也可以根据它们所处理的物理量划分为三种：①处理模拟、数字或混合信息的电信号；②除电之外的能量与电相互转换；③把电当作能量处理和转换。

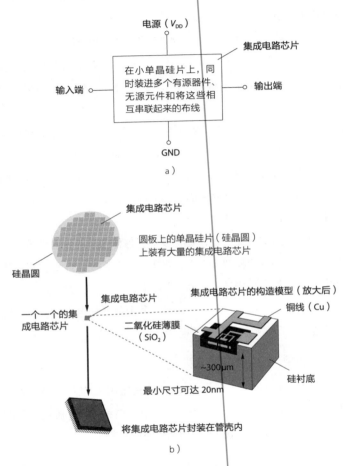

图 4-7 集成电路的示意图

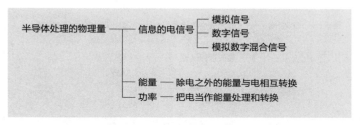

图 4-8　所处理的物理量对半导体进行分类

3. 集成电路的分类

（1）按集成度分类

按集成度对集成电路进行的分类（见图 4-9），名称随历史演变会有所不同，无须对 VLSI、ULSI 的叫法太过较真。但是希望广大读者至少能知道：LSI 是集成电路的一种。

	名称		集成度（芯片上的器件数）
集成电路	SSI	Small Scale Integration　小规模集成电路	10^2 以下
	MSI	Medium Scale Integration　中规模集成电路	$10^2 \sim 10^3$
	LSI	Large Scale Integration　大规模集成电路	10^3 以上
	VLSI	Very Large Scale Integration　超大规模集成电路	10^5 以上
	ULSI	Ultra Large Scale Integration　特大规模集成电路	10^7 以上

VLSI 和 ULSI 多被称为超 LSI。

图 4-9　按集成度对集成电路进行分类

（2）按功能分类

如图 4-10 所示按功能对集成电路进行分类，存储器可分为切断电源仍能继续保存信息的非易失性存储器和一切断电源便丢失信息的易失性存储器：非易失性存储器有专门用于读取的 ROM，

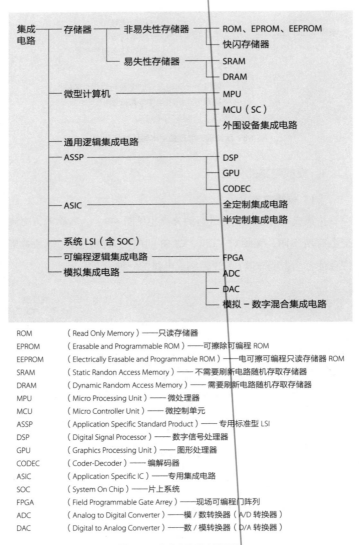

ROM	（Read Only Memory）——只读存储器
EPROM	（Erasable and Programmable ROM）——可擦除可编程 ROM
EEPROM	（Electrically Erasable and Programmable ROM）——电可擦可编程只读存储器 ROM
SRAM	（Static Random Access Memory）——不需要刷新电路随机存取存储器
DRAM	（Dynamic Random Access Memory）——需要刷新电路随机存取存储器
MPU	（Micro Processing Unit）——微处理器
MCU	（Micro Controller Unit）——微控制单元
ASSP	（Application Specific Standard Product）——专用标准型 LSI
DSP	（Digital Signal Processor）——数字信号处理器
GPU	（Graphics Processing Unit）——图形处理器
CODEC	（Coder-Decoder）——编解码器
ASIC	（Application Specific IC）——专用集成电路
SOC	（System On Chip）——片上系统
FPGA	（Field Programmable Gate Arrey）——现场可编程门阵列
ADC	（Analog to Digital Converter）——模 / 数转换器（A/D 转换器）
DAC	（Digital to Analog Converter）——数 / 模转换器（D/A 转换器）

图 4-10　集成电路按功能分类

具有紫外线擦除功能且可编程的 EPROM，电可擦除的 EEROM 和快闪存储器；而易失性存储器是可随机存取（随机读取或写入）的存储器 RAM，包括不需刷新电路就能存储数据的 SRAM 和需要不停刷新电路才能存储数据的 DRAM。

微型计算机包含把 CPU 功能集成到单一芯片上的 MPU、在更微型的 CPU 上增加各种功能整合成芯片的 MCU 和外围设备。MCU 本质上也可看作单片微型计算机。

通用逻辑集成电路是将各种逻辑电路的通用功能综合到一个芯片上，设定领域和用途使功能和目的专门化的标准集成电路。

ASSP 包含专用于数字信号处理 CPU 的 DSP、专用于图像处理 CPU 的 GPU 以及专用于加密和解密的 CODEC（编解码器）。

ASIC 按照特定设备和用途分为全定制集成电路和半定制集成电路。

系统 LSI 是用于集成系统的集成电路，其中包括在单个集成电路芯片上实现完整系统功能的 SOC。在 SOC 中，将各种集成电路的功能模块化，再根据不同需求组合起来，就形成了功能块的综合体——IP（知识产权）。

可编程逻辑集成电路是完成后仍可更改内容的逻辑电路，用户可进行编程或重新编程的 FPGA 是该类集成电路的典型代表。近年来，FPGA 在各领域重新受到关注，应用领域正在不断扩大。

除 SOC 之外，上面提到的集成电路基本上都是处理数字信号的集成电路，而专门处理模拟信号的集成电路包括：把模拟信号转换为数字信号的 ADC，把数字信号转换为模拟信号的 DAC，以及在单个芯片上模拟和数字信号都能处理的模拟 - 数字混合集成电路。

4.5 分立器件（分立半导体）
——整流二极管、LED、激光器、太阳能电池

二极管（diode）的英文单词由含义是 2 的前缀"di"与表示电极的"electrode"的后缀组合而成。顾名思义，二极管是指有两个端子的电子器件。第一个实际使用的整流二极管是真空管，如今已完全被半导体代替了，不过阳极和阴极这两个名称还留存其踪迹。

其实，半导体二极管有很多类型，在此仅对代表性的二极管加以说明。

1. 整流二极管

如图 4-11 所示，a 和 b 是具有整流作用的 PN 结二极管的横截面图和电路符号。以最具代表性的硅半导体为例，PN 结二极管是 P 型硅和 N 型硅结合（PN 结）的结构，P 型区域的端子叫作阳极（anode），N 型区域的端子叫作阴极（cathode）。

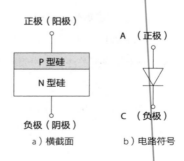

图 4-11　PN 结二极管

如图 4-12 所示，PN 结二极管在阴极接地的状态下，将阳极施加电压（V）的方向画作横轴，将此时流通在二极管中的电流（I）的方向画作纵轴。当给阳极施加正电压后，电流开始从某处流动起来并迅速增加，此时的电压被称为正向电压，流过的电流称为正向电流。而给阳极施加负电压时几乎没有电流。像这样，电流沿固定电压方向（正向）流动，但不沿相反的电压方向（逆向）流动的现象称为整流效应。虽说逆向时无电流，但如果施加高负电压，会有叫作击穿电流的大电流开始流动。

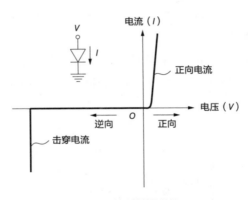

图 4-12　PN 结二极管的特性

PN 结二极管除应用在最初的整流器之外，也可作为各种电路中的整流器件，以及利用其逆向特性来分离电容器件和集成电路器件，还可用于固定电压电路，防止浪涌电压并保护电路等。

2. 发光二极管（LED）

发光二极管（Light Emitting Diode，LED）是将电输入转为光输出的二极管。发光二极管的基本结构如图 4-13 所示，在使用了化合物半导体的 PN 结二极管上施加正向电压，P 型区域的空穴和 N 型区域的电子朝 PN 结移动，电流产生。这时候，PN 结附近会发生电子和空穴因重新结合而消失的现象。由于重新结合后的合成能量小于电子和空穴的能量之和，能量差以光的形式被释放出来，所以在结合区域集结更多电子和空穴是提高发光效率的关键。

如图 4-13 所示，除了基本的同质结构外，还有用于提高发光效率的双异质结构和量子阱结构。发光二极管光的颜色（波长）由使用的半导体材料的种类和添加的杂质决定，代表性材料有镓（Ga）、砷（As）、磷（P）等化合物。具体的材料、结构、光的颜色以及波长见表 4-5。

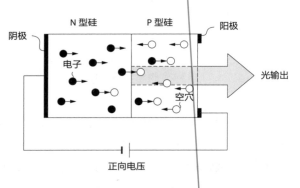

图 4-13　发光二极管的基本结构

表 4-5　发光二极管的材料、结构、光的颜色以及波长

材料名	结构	颜色	波长 /nm
氮化镓　GaN	量子阱	蓝	450
硒化锌镉　ZnCdSe	双异质结	蓝	489
硒化锌汞　ZnTeSe	双异质结	绿	512
含氮磷化镓　GaP:N	同质结	绿	565
磷化铝镓铟　AlGaInP	双异质结	黄	570
磷砷化镓　GaAsP	双异质结	橙	635
砷化铝镓　AlGaAs	双异质结	红	660
含锌磷化镓　GaP:Zn	同质结	红	700

注: 1nm（纳米）＝10^{-9} 米。

发光二极管有亮度高、寿命长、省电等优势，不仅替代了传统灯泡式信号器，还作为新的照明方式取代了白炽灯、荧光灯，并作为背光源广泛应用在电视、移动电话、智能手机、汽车仪表盘等方面。

3. 半导体激光器

半导体激光器（Laser Diode，LD）又称激光二极管，和发光二极管一样，通过正向电流流向半导体的 PN 结，使电输入转换为光输出。

如图 4-14a 和 b 所示，分别是双异质结构激光器的俯瞰图和工作原理，发出激光束的活性层被夹在 P 型熔覆层与 N 型熔覆层之间。两个界面的连接处形成了能量壁，当给二极管施加正向电压时，P 区域的空穴和 N 区域的电子朝活性层移动，电流产生。虽然电子与空穴在活性层中因结合而发光，但只要将活性层的折射率调到略高于熔覆层，光就会被封锁在活性层内并放大。

当光在由晶体两端的解理（特定方向上易裂的特性）而形成

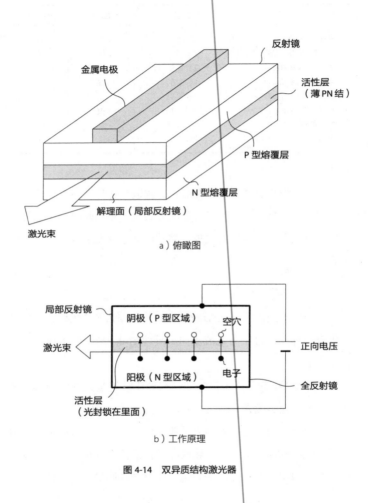

a）俯瞰图

b）工作原理

图 4-14　双异质结构激光器

的反射镜面之间多次往返时，振荡并逐渐变为相位对准的单色光。此时，将一侧设为全反射镜，另一侧设为局部反射镜，激光束会从局部反射镜输出。

可用来制作激光器的化合物半导体有铟镓砷磷化物（InGaAsP，波长 1.1~1.6μm）、砷化铝镓（GaAlAs，波长 0.75~0.85μm）、镓铝铟磷化物（GaAlInP，波长 0.63~0.69μm）等。除了高相干性（可干涉性）之外，半导体激光还具有通过调制电流实现千兆赫级（GHz）的、高速、直接输出调质光的特征。利用这个特征，半导体激光器不仅可用作光纤等大容量光通信的光源，还可用于激光笔、读写 CD、DVD、蓝光的信息媒介、打印机的信息媒介以及条形码扫描仪、激光鼠标等众多领域。

4. 太阳能电池

太阳能电池（Solar Cell）是接收光时产生电的发电装置，多采用半导体 PN 结二极管结构。使用了半导体的太阳能电池种类很多，在此以硅太阳能电池为例进行说明，如图 4-15 所示。

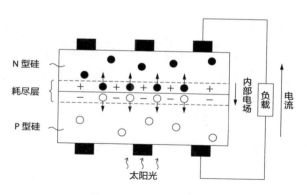

图 4-15　硅太阳电池的模型

首先,在硅N型晶体的表面添加硼,形成几微米的薄P型区域。在电子较多的N型层和空穴较多的P型层的接合处附近,电子和空穴彼此结合,形成无载流子的耗尽层。当光(含太阳光)照射到此PN结附近时,光的能量使得电子和空穴产生,而耗尽层内的电场使得电子朝N型层、空穴朝P型层移动,且在P型区域和N型区域之间产生电位差。当此状态的PN结与外部负载连接时,电流就产生了,这就是太阳能电池的基本原理。基于太阳能电池的工作原理以及电动势在1V以下的特性,要想获得更高的电压必须串联多层。

实际投入使用的太阳能电池的种类见表4-6,太阳能电池除了运用在工业和家庭所需的水电、火电、核电等太阳能电池板之外,还活跃在手表、道路标志、路灯、移动设备的充电器、人造卫星和宇宙空间站等方面。

表4-6 实际投入使用的太阳能电池的种类

材料		转化率(%)	可靠性	特征
硅系	单晶硅	24	高	转化率高、成本高
	多晶硅	17	高	性价比高
	非晶硅	10	中	能量和成本方面有优势
化合物系	单晶化合物(GaAs系)	30	高	成本高,用于航空航天领域
	多晶化合物(CdSe、CdTe等)	16	中	性能好价格优,仅美国和欧洲在用

注:仅举转化率这一例。

4.6 晶体管
——双极、NMOS 和 PMOS、CMOS 型

晶体管是由美国贝尔实验室的肖克利（W.Bleley）、巴丁（J.Bardeen）、布拉顿（W.Blutten）于 1948 年发明的，他们在 1956 年因这项成就获得了诺贝尔物理学奖。晶体管的发明标志着电子时代的开始，促进了以计算机为代表的电子技术的快速发展，迎来了当今高度信息化的社会，以及推动着物联网时代核心技术的新发展。如此看来，晶体管的发明具有划时代的意义。

作为早期真空管的替代品，晶体管拥有放大和切换这两项基本功能。如今晶体管的种类有很多，在此以三种最基本的晶体管为例进行介绍。

1. 双极晶体管（Bipolar）

NPN 型双极晶体管的基本结构和电路符号如图 4-16a 和 b 所示。双极晶体管与最初发明的点接触式晶体管相似，其相似性在电路符号的各部位名称中尤为明显。

所谓双极，是具有两种极性的意思：

①带有（视为带有）正电荷的空穴。

②带有负电荷的电子。

利用这两种载流子工作的晶体管即是双极晶体管。

如图 4-16 所示，双极晶体管包括发射极（E）、基极（B）和集电极（C）等硅导电区域。根据导电类型的组合方式，双极晶体管可分为 NPN 型和 PNP 型两种，下面对性能更优的 NPN 型双极

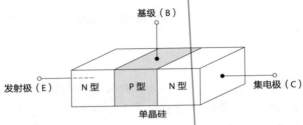

基级（B）

发射极（E）　N型　P型　N型　集电极（C）

单晶硅

单晶硅的 P 型领域夹在两个 N 型区域之间，但 N 型区域和 P 型区域并不是单独形成后再黏合，而是在一个单晶硅衬底上，向硅里添加微量的 N 型杂质或 P 型杂质形成的

a）基本构造

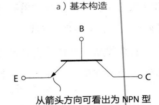

从箭头方向可看出为 NPN 型

用发射极端子所附箭头的方向区分 NPN 型和 PNP 型

b）电路符号

图 4-16　NPN 型双极晶体管

晶体管进行介绍。

在 NPN 型双极晶体管的发射极和集电极之间施加电压 V_{CE} 的状态下，当稍微改变流向基极的电流 I_B 时，集电极的电流 I_C 将发生显著变化，以 I_B 作为参数的 "V_{CE}-I_C 特性"（见图 4-17）是晶体管的基本特性。从 V_{CE}-I_C 特性中可看出，I_C 具有两种状态：几乎独立于 V_{CE} 的有源区和快速变化的饱和区。双极晶体管在有源区状态时，集电极电流与基极电流之比被称为电流增益，发射极

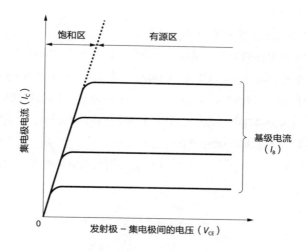

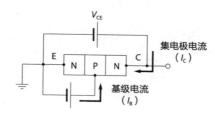

图 4-17　NPN 型双极晶体管的特性（V_{CE} – I_C 特性）

接地时的电流增益则被称为 h_{FE}（$h_{FE}=I_C/I_B$）。

　　双极晶体管原本是首个工业化的晶体管，但后来随着技术的快速创新，MOS 晶体管开始出现并逐渐取代了双极晶体管。现在，能用 MOS 晶体管则必然会用 MOS 晶体管，但在一些要求高频、高功率、高驱动能力和低噪声的特定领域还是会使用双极晶体管。

2. MOS 晶体管

N 沟道型（N 沟道 MOS 晶体管）

MOS 晶体管如今已是应用得最广泛的晶体管。MOS 的名字取自金属（Metal）、氧化物（Oxide）、半导体（Semiconductor）这三个英文单词的首字母，这个名称本身也说明了晶体管的结构。

MOS 晶体管主要有 N 沟道型、P 沟道型和 CMOS 型三种类型。首先来了解 N 沟道 MOS 晶体管吧。

如图 4-18 所示，a 是 N 沟道 MOS 晶体管的结构模型，b 是截

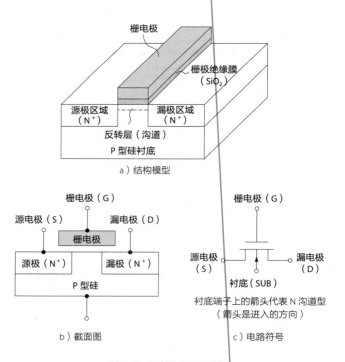

a）结构模型

b）截面图

c）电路符号

衬底端子上的箭头代表 N 沟道型
（箭头是进入的方向）

图 4-18　N 沟道 MOS 晶体管

面图，c 是电路符号。在该图中，P 型单晶硅衬底表面附近有 N^+（N 型杂质浓度高的意思）源极和 N^+ 漏极两个区域，在两个区域之间的衬底表面上有二氧化硅（SiO_2）栅极绝缘膜，在绝缘膜之上的是多晶硅栅电极。

在此晶体管中，在衬底和源极区域接地的状态下，当给栅电极施加正栅极电压（V_G），给漏极区域施加正漏极电压（V_D）时，源极区域和漏极区域之间就会产生漏极电流（I_D），理由是栅极电压衬底表面上有薄薄的 N 型层（即反转层），N 型层连接了源极区域和漏极区域。但通常情况下，不给栅电极施加电压时，形成不了反转层，因此即使向漏极区域施加电压，也不会产生漏极电流。当升高栅极电压时，漏极电流开始流动的栅极电压被称为阈值电压（V_{TH}），也就是说当 $V_G > V_{TH}$ 时产生漏极电流。

事实上，电流是由在反转层中从源极区域向漏极区域移动的自由电子所承载。此时的情况如图 4-19 所示，横轴为 V_D，纵轴为

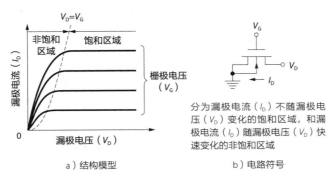

分为漏极电流（I_D）不随漏极电压（V_D）变化的饱和区域，和漏极电流（I_D）随漏极电压（V_D）快速变化的非饱和区域

a）结构模型　　　　　　b）电路符号

图 4-19　N 沟道 MOS 晶体管的基本特性（I-V 特性）

I_D，参数为 V_G，三者间的关系被称为电流（I）– 电压（V）特性，也可简单叫作"I–V 特性"，这是晶体管最基本的工作特性。在该图中，I–V 特性曲线被划分为漏极电流随漏极电压而快速变化的非饱和区域，以及漏极电流几乎不随漏极电压的变化而变化的饱和区域。

图 4-18 所示的 N 沟道结构模型和截面图中，如果把各部分单晶硅的导电类型全都反转，变成另一种晶体管，这样的晶体管也是存在的，它就是 P 沟道晶体管，P 沟道 MOS 晶体管的截面图和电路符号如图 4-20 所示。

对于电路符号图，请注意衬底端子上箭头的方向。在 N 沟道晶体管中箭头代表 "进入"的方向，而在 P 沟道晶体管中箭头代表"出来"的方向。在 P 沟道晶体管中，施加的所有电压都和 N 沟道晶体管相反（负电压）。

P 沟道 MOS 晶体管的 I–V 特性图如图 4-21 所示。在 P 沟道 MOS 晶体管中，施加的负栅极电压（V_G）小于负的阈值电压（V_{TH}），即 $V_G < V_{TH}$ 时，产生漏极电流。此外，在 P 沟道晶体管中承载漏极电

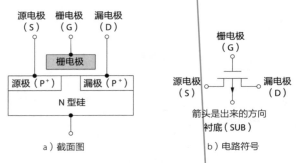

a）截面图　　　　　　　　　　　　b）电路符号

图 4-20　P 沟道 MOS 晶体管

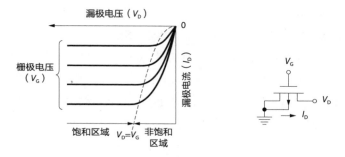

图 4-21　P 沟道 MOS 晶体管的基本特性（I–V 特性）

流的是空穴，因施加了负的栅极电压所以空穴在 P 型硅表面的薄 P 型层中从源极向漏极移动。

MOS 晶体管与双极晶体管相比：

- 是电压驱动的。
- 结构相对简单，适用于通过反复平面加工而实现三维结构的技术（平面技术）。
- 随着 MOS 晶体管微型化技术的进步，器件微型化成为可能，高集成化、高功能性和高可靠性的大规模集成电路（LSI）也将成为可能。
- 已实现单个器件的低成本化。

综上原因，MOS 晶体管目前应用得更为广泛。

3. CMOS 晶体管

CMOS 晶体管的"C"是 Complementary 的首字母，是相互补充的意思。CMOS 晶体管是将 N 沟道型和 P 沟道型的 MOS 晶体管组合在一起，彼此互补后形成的。由于 CMOS 晶体管中的 N 沟道 MOS 晶体管和 P 沟道 MOS 晶体管必须在同一块单晶硅衬底上，因此需要相对较深的、被称为阱（well）的区域（添加 P 型或 N 型杂质的区域）。阱也有不同类型，如图 4-22 所示，下面以最常见的使用 P 型硅衬底、N 阱结构的 CMOS 晶体管为例进行说明。从图中可以看出，N 沟道 MOS 晶体管形成于 P 型硅衬底中，而 P 沟道 MOS 晶体管形成于 N 阱中。

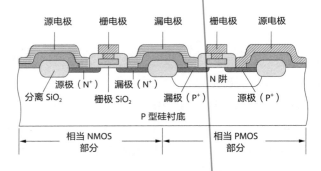

图 4-22　CMOS 晶体管结构的截面模型

话说回来，CMOS 晶体管是采用正电源电压工作的，想必有读者对此会抱有这样的疑问：前面提到，N 沟道晶体管采用正电压，P 沟道晶体管采用负电压，二者组合而成的 CMOS 晶体管为什么仅采用正电压工作呢？其原因如下所述。

如图 4-23 所示的 P 沟道 MOS 晶体管，图 a 是其电路符号和工作电压，在该图中，硅衬底与 GND（地）相连，而图 b 是 N 阱（与 P 沟道 MOS 晶体管的衬底相同）连接电源的示意图，两种工作模

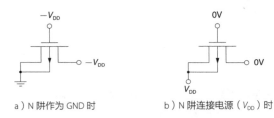

a）N 阱作为 GND 时　　　　b）N 阱连接电源（V_{DD}）时

图 4-23　CMOS 晶体管的两种工作模式

式是等价的。

　　CMOS 晶体管的结构比单纯的 N 沟道晶体管或 P 沟道晶体管复杂，所以制作困难、成本较高。但是，CMOS 晶体管可以在低电源电压下工作，可以通过微型化实现高集成化，具有压倒性的低功耗优势，还使得复杂、规模大、多功能、高性能、高可靠性的集成电路（LSI）得以实现。由于具备这些决定性的特征及优势，它被广泛应用在各个领域。而且，如果没有低功耗 CMOS 晶体管的出现，近年来靠电池工作的移动设备就不会迎来爆发性的普及。

4.7 存储器之存储半导体
——存储（n×m）位信息的原理

半导体存储器（以下称存储器）是具有存储信息、必要时能读取信息的功能的半导体器件。

1. 网格状的存储器结构

存储器的结构就如同网格化的街道，如图 4-24 所示，存储

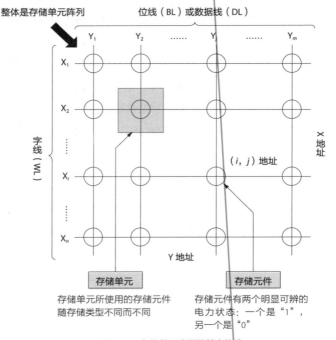

图 4-24　存储单元阵列的基本构造

整体是存储单元阵列

位线（BL）或数据线（DL）

Y_1　Y_2　……　Y_j　……　Y_m

X_1

X_2

字线（WL）

X_i

X_n

X 地址

(i, j) 地址

Y 地址

存储单元｜存储单元所使用的存储元件随存储类型不同而不同

存储元件｜存储元件有两个明显可辨的电力状态：一个是"1"，另一个是"0"

器被设置成格子状，横向是名为字线（WL）的 X 地址线（X_1、
X_2、…、X_n），纵向是名为位线（BL）或数据线（DL）的地址
线（Y_1、Y_2、…、Y_m），在各地址（X 和 Y 的交叉点）处放置
一个存储元件。整个网格阵列被称为存储单元阵列，阵列的单元
则被称为存储单元。

存储元件具有两个清晰可辨的电气状态，其中一个当作"1"，
而另一个则为"0"，所以一个存储器单元存储 1 位的信息，整体
就存储了（$n \times m$）位的信息。

实际的存储器 LSI 的构成如图 4-25 所示，除存储单元阵列外，
还有用于导入待写入数据及输出待读取数据的输入输出电路，用

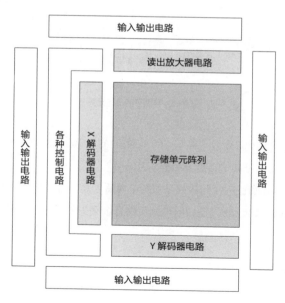

图 4-25　存储芯片的基本构造

于写入或读取时选择地址的解码器电路，用于提高读出灵敏度的放大器电路，以及附加的、用于其他操作的外围电路，它们都集成在一个芯片里。

如图 4-26 所示，存储器按基本工作模式可大致划分为两类：不能更改存储内容的只读存储器（Read Only Memory，ROM），可以随机写入并读取的随机存取存储器（Random Access Memory，RAM）。另外，ROM 中有一种可写入存储内容的可编程 ROM，名为快闪存储器（Flash Memory）。

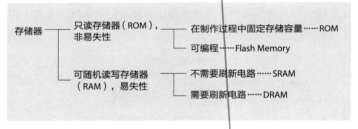

图 4-26 典型存储器的分类

RAM 可以分为不需要刷新电路的静态 RAM（SRAM）和需要重新刷新电路的动态 RAM（DRAM）。

ROM 和快闪存储器都是切断电源后信息不会丢失的非易失性存储器，而 RAM 则是切断电源后信息会丢失的易失性存储器。

2. 存储器的特性

存储器的特性如下：

①存储容量（$n \times m$），即能存储多少信息。

②写入速度，即能多快保存。

③读取速度，即多久能反应。

④存储时间，即信息能保存多久。

⑤破坏性读取（读取后数据消失）还是非破坏性读取（读取后数据仍存在）。

⑥易失性（断电后数据消失）还是非易失性（断电后数据仍存在）。

在上述特性中，存储器具备什么特性，取决于使用了何种存储元件。在选用存储器时，除了考虑各类存储器的特征之外，还要充分考虑各类存储器的成本，之后再决定存储器类型及其应用领域。

接下来，具体来看三种代表性存储器：SRAM、DRAM 和快闪存储器（见图 4-26），以及它们各自的不同之处吧。

4.8 存储器之 SRAM
——结构复杂但高速、低功耗

SRAM（Static Random Access Memory）是一种不需要刷新电路的、可随机读写的存储器，因不需要重写和刷新，故只要保持通电，储存的数据就可以永久保存。

虽然众多元件组成的 SRAM 存储单元有多种配置方法，但图 4-27 所示为最优特性的全 CMOS 型 SRAM 存储单元。该单元共由 6 个晶体管组成：两对作为存储部分互相"交叉"的 CMOS 反相器和两对读写用的 NMOS 晶体管。在图 4-27 中，Q_5 的栅极连接字线（W_i），源极连接位线（D_j），漏极连接左节点；Q_6 的栅极连接 W_i，源极连接 D_j，漏极连接右节点。而 $\overline{D_j}$ 是 D_j 的反转逻辑，所以交错排列。

在（i，j）地址的存储单元中，在 W_i 设为 H 且导通 Q_5 和 Q_6 的状态下，将 D_j 设为 H 而 $\overline{D_j}$ 设为 L 时，左节点会被写入 H，也就是 1，右节点被写入 L，也就是 0。反之，若将 D_j 设为 L，左节点则被写入 0，右节点则被写入 1。

读取是在 W_i 设为 1 并导通 Q_5 和 Q_6 的状态下，通过检测 D_j 处于 H 还是 L 的状态进行判断。

SRAM 存储单元结构复杂，虽然很难实现高密度化与大容量化，每比特的成本又高，但由于速度快、低功耗的存储器很少，因此主要应用在个人计算机、工作站、路由器、液晶显示屏、打印机的图像保留、MPU 和 MCU 的内部缓存、HDD 的缓冲、ASIC 和 PFGA 的芯片中。

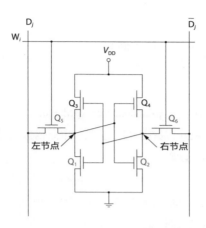

图 4-27　全 CMOS 型 SRAM 存储单元的构成与基本工作原理

Q_1、Q_2、Q_5、Q_6：NMOS 晶体管

Q_3、Q_4：PMOS 晶体管

Q_1 和 Q_3、Q_2 和 Q_4 组成了 CMOS 反相器，相互交叉形成存储单元

Q_5 和 Q_6 是读取用的传输晶体管，栅极都连接到字线 W_i，源极分别连接到位线 D_j 和 $\overline{D}_j$

写入：将 W_i 设为 H，并在 Q_5 和 Q_6 导通的状态下，将 D_j 设为 H（$\overline{D}_j$ 设为 L）。于是，Q_1 关闭 Q_2 导通，Q_3 关闭 Q_4 导通，左节点处则会写入 H 也就是 1，右节点处写入 L 即 0。反之，将 D_j 设为 L，$\overline{D}_j$ 设为 H，左节点处会写入 0，右节点处写入 1

读取：在 W_i 设为 H，导通 Q_5 和 Q_6 的状态下，通过放大器检测 D_j 是 1 还是 0（检测 $\overline{D}_j$ 是 0 还是 1）来读取存储的内容

存储保持：在 W_i 设为 0 并导通 Q_5 和 Q_6 的状态下，只要通电，左右节点的 1 或 0 就会持续存储

4.9 存储器之 DRAM
——最流行的存储器

DRAM（Dynamic Random Access Memory）是需要重新刷新电路的、可随时读写的存储器，是广泛用于计算机主存储器中的、典型的半导体存储器。

如图 4-28 所示，DRAM 的存储单元由一个选择晶体管（N 沟道 MOS 晶体管）和一个电容器（用以存储器电荷）串联而成，因此被称为 1T1C 型存储单元。

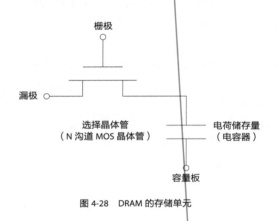

图 4-28　DRAM 的存储单元

在 DRAM 的存储单元阵列中，如图 4-29 所示，选择晶体管的栅极连接到字线（W），漏极连接到位线（B），选择晶体管与串联连接的电容器的其他端子（极板）接地（GND）。虽然在实际产品中，电容器的容量板的电压为电源电压 V_{DD} 的二分之一（$V_{DD}/2$），但这并不影响本质，为便于理解，在此以接地的情况来说明。

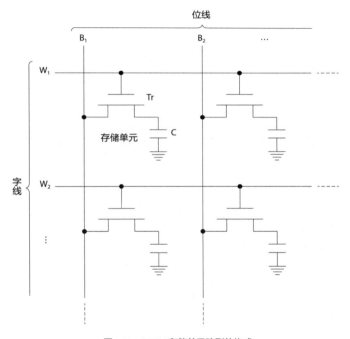

图 4-29　DRAM 存储单元阵列的构成

在 DRAM 中，把存储单元的电容器充电后储存了电荷的状态当作 1，把电容器放电后无电荷的状态当作 0。为将 1 写入 DRAM 存储单元，如图 4-30 所示，要在升高了字线（W）电压的状态下，提高位线（B）的电压。此时，如果存储单元处于 0 状态，那么电流将从导通的选择晶体管的漏极流到电容器，电荷累积并变为 1

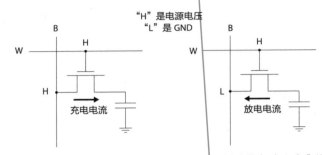

"H"是电源电压
"L"是 GND

写入 1：升高字线（W）上"H"和位
线（B）上"H"的电压。如果存储单
元是 0，充电电流将流到电容器，电
荷积累并变为 1 状态；如果存储单元
是 1，状态不变仍是 1

写入 0：升高字线（W）上"H"的电
压并降低位线（B）上"L"的电压。
如果存储单元是 1，电容器中的储存
电荷将放电，并变为 0 状态；如果存
储单元是 0，状态不变仍是 0

图 4-30 DRAM 写入方法

状态。如果已经处于 1 状态，即电容器已经充电，存储器单元将
继续保持 1 状态，因此无论怎样写入都是 1。

那怎么写入 0 呢？需要在字线电压升高的状态下，将位线设
置为 GND。此时，如果存储单元已经处于 1 状态，那么电容器中
的储存电荷通过导通的选择晶体管流向位线（电流产生），即电
容器放电转为 0 状态。如果存储单元已处于 0 状态，由于电容器
中没有累积的电荷（已经放电），所以存储单元的状态不变，保
持 0 状态，无论怎样写入都是 0。

DRAM 存储单元进行读取时，如图 4-31 所示，升高字线电压
并导通选择晶体管时，检测电流是否从电容器流到位线。也就是说，
如果存储单元处于 1 状态，那么储存在电容器中的电荷将流入位
线并稍微改变位线的电位；如果存储单元处于 0 状态，则没有从

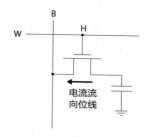

字线（W）上"H"的电压升高时，如果存储单元的状态是 1，电容器的储存电荷将放电，位线（B）的电位因电流流入而改变，此时存储单元的状态变为 0

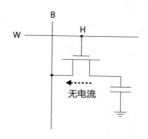

字线（W）上"H"的电压升高时，如果存储单元的状态是 0，将没有电流流向位线"B"，位线的电位不变

图 4-31　DRAM 读取方法

电容器流到位线的电流，位线的电位也不会改变。以此来识别读取的存储单元状态是 1 还是 0。由于读取时位线的电位波动很小，所以使用被称为放大器的放大电路来检测微小波动。

通过上述说明可以看出，DRAM 一旦进行读取就会丢失存储内容，即破坏性读出，因此在读取之后要立即写入相同的内容，即重新写入。另外，由于电容器中累积的电荷因细微的泄漏电流而逐渐损失，因此需要以几十毫秒的固定时间间隔定期向电容器补充电荷，这一工作被称为刷新。

随着存储单元的微型化，DRAM 特有的问题便显露了出来：随着电容器电极面积减小，储存的电荷量也会相应减少。根据读取的工作原理，如果储存的电荷量过少，读取位线时检测到的电位波动也会变得过小，检测难度加大。因此，有必要通过电容器结构的立体化（与地价上涨时由原来平房结构改为两层建筑或增加地下室的做法相似）来实现存储单元微型化，通过在电容器电极表面设置凹凸来增加有效面积，以及采用特殊的高介电常数材料来增加电容。

另外，为满足微型计算机 CPU 的高速化需求，提高 DRAM 的数据访问速度，已开始采用与时钟信号同步读取数据的、被称为 SDRAM（Synchronous DRAM）类型的 DRAM。

尽管 DRAM 除了易失性（也就是断电后所有存储的信息都会丢失）这项缺点之外，还存在上述诸多操作方面的限制，但它仍被广泛使用，原因很简单：读写快，可随机访问，存储单元结构相对简单，因此每比特的成本较低。

不仅从计算机和服务器的主存储器到电视、数码相机等众多信息设备的存储装置会使用到 DRAM，更多的情况下是将 DRAM 用于安装在印刷电路板上的、名为 DIMM（Dual Inline Memory Module）的、包含多个 DRAM 芯片的存储模块。

存储器之快闪存储器
——GPS、路由器和智能手机上支撑物联网的元器件

快闪存储器是可以用电重写存储内容的非易失性存储器，近年来，其重要性日益显现。

快闪存储器的存储单元被称为堆叠栅型存储单元，由一个存储晶体管组成，图 4-32 所示为堆叠栅型存储晶体管的截面模型图

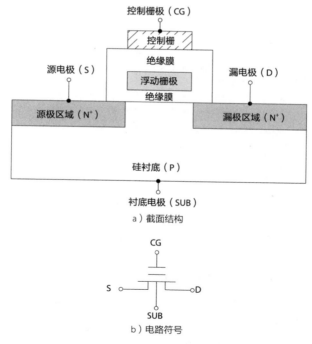

a）截面结构

b）电路符号

图 4-32　快闪存储器的单元结构及电路图

和电路符号。堆叠栅型晶体管是将名为浮动栅极（Floating Gate，FG）的栅电极内嵌在 NMOS 晶体管的栅极绝缘膜中，并与其他部分完全绝缘，而相当于普通 MOS 晶体管栅电极的部分被称为控制栅极（Control Gate，CG）。

本节重点介绍一下对存储器的写入、擦除、读取。

如图 4-33 所示，为将此存储单元配置在（X_j，Y_j）地址，要使源极连接到 GND，控制栅极连接字线（W_i），漏极连接位线（B_i）。

要在存储单元中写入"1"时，如图 4-34 所示，源极和衬底连接 GND，向控制栅极和漏极施加高电压。于是，源极提供的电

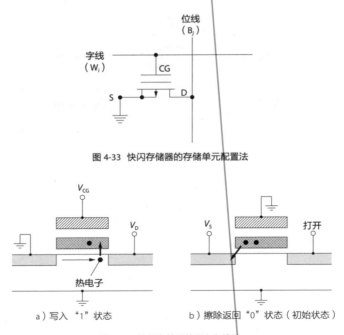

图 4-33 快闪存储器的存储单元配置法

图 4-34 快闪存储器的写入和擦除

子在硅表面的沟道中高速行进，到达漏极附近时，则变为高能态的热电子，且一部分越过栅极绝缘膜注入到浮动栅极。由于注入到浮动栅极中的电子带有负电荷，浮动栅极等价地变为向控制栅极施加负电压的状态，此状态即为存储单元被写入了"1"的状态。而要擦除已写入了"1"的存储单元，使其返回到"0"时，打开漏极，将控制栅极作为 GND，向源极施加高电压。于是，注入到浮动栅极中的电子通过电场隧穿到源极中而被提取出，浮动栅极返回到中性状态（初始状态）。

接下来，如图 4-35 所示，为读取出存储单元的状态是"1"

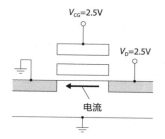

将源极和衬底作为 GND，向控制栅极和漏极施加读取电压（如 $V_{CG}=2.5V$、$V_D=2.5V$），于是晶体管导通，源极和漏极之间产生电流

a）"0"状态的存储单元

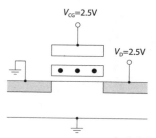

将源极和衬底作为 GND，向控制栅极和漏极施加读取电压（如 $V_{CG}=2.5V$、$V_D=2.5V$），施加在控制栅极的正电压被晶体管浮动栅极中的负电荷电子抵消，因此存储单元晶体管不导通（截止状态），源极和漏极之间无电流

b）"1"状态的存储单元

图 4-35　快闪存储器的读取

还是"0",向控制栅极和漏极施加读取电压(约 1.8~3.5V 的低电压)时,如果源极和漏极之间有电流则是"0",无电流则是"1",也就是说"1"的情况表明控制栅极的正电压被浮动栅极中的负电荷电子抵消,即存储单元晶体管不导通(截止状态)。

整个单元阵列的写入和读取是通过字线(W)和位线(B)对存储单元进行写入与读取而实现的,这需要扫描所有字线和位线;另一方面,擦除是以块单元为单位进行的。

快闪存储器常应用多值化技术来增加存储容量。一般将存储"1""0"二进制信息(1bit)的一个存储单元称为 SLC(Single Level Cell,单层单元)。不过,如图 4-36 所示,按照注入到浮动

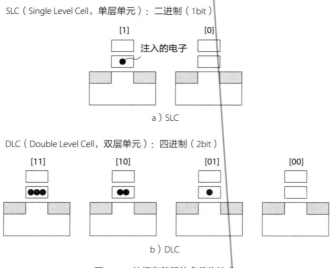

图 4-36　快闪存储器的多值化技术

栅极的电子数量,可以将"00""01""10""11"的四进制信息(2bit)存储为 DLC(Double Level Cell,双层单元),依此类推,也可以将"000""001""010""011""100""101""110""111"的八进制信息(8bit)存储为 TLC(Triple Level Cell,三级单元),目前二者都已被应用到实际产品中。

多值化技术是一种非常有效的增加容量的方法,但写入时必须识别注入的电子数量处于哪个级别(逻辑电平),读取时必须识别不同逻辑电平的差异,这些使电路操作变得更复杂。另外,当在快闪存储器中重复写入和擦除的操作时,由于各逻辑电平间的宽度(窗口)会逐渐变窄以致最终无法识别,因此可重复次数是有限的,例如,SLC 的可重复次数约 10 万次,由于对绝缘膜擦除写入数据时负荷大,故 TLC 的可重复次数约为1 万次。

以上都是关于采用水平堆叠方式(并联)的 NOR 型快闪存储器的存储单元配置方法,除此之外还有 NAND 型快闪存储器。

NAND 型快闪存储器如图 4-37 所示,在位线(Y)方向垂直堆叠(串联)存储单元。NOR 型需要每个存储单元的 GND 线与位线(Y)相连,而在 NAND 型中不需要。NAND 型快闪存储器写入和读取(X_i, Y_j)地址的存储单元时,要将除"X_i"外所有字线设为"H"(写入的高电压或读取电压)状态,并同时打开或关闭施加在 X_i 和 Y_j 的电压来实现。

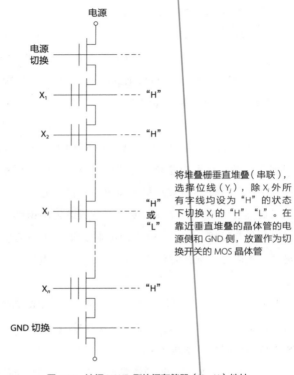

图 4-37 访问 NAND 型快闪存储器（X_i, Y_j）地址

从表 4-7 中可知，NOR 型快闪存储器发挥随机访问读出快的优势，应用在计算机、路由器、打印机、GPS、车载设备、掌上电脑等方面；而 NAND 型快闪存储器的优势是写入和读取速度快，擦除速度快，因存储单元小可实现高集成化，故容量大，每比特的成本低，所以应用在 USB 存储器、闪存 SSD、数码相机的存储卡、便携音乐播放器、智能手机等方面。

表 4-7 快闪存储器比较（NOR 型、NAND 型）

	NOR 型	NAND 型
写入操作	字节单位、慢	页单位（行单位）、快
读取操作	字节单位、慢 随机访问快	页单位（行单位）、快 随机访问慢
擦除操作	块单位、慢	块单位、快
高集成化	○ 所有存储单元的漏极联结 位线，源极连接 GND	◎ 各存储单元的位线 和 GND 线不需要联结
大容量化	○	◎
成本（每比特）	高	低
主要用途	计算机、路由器、打印机、 GPS、车载设备、掌上电脑等	USB 存储器、闪存 SSD、数 码相机的存储卡、便携音乐播 放器、智能手机等

注：在保持特性方面，NOR 型和 NAND 型都是约 10 年；两者可写入擦除的反复次数相同，
约 10 万次，但如果应用多值化技术则会降低。

4.11 逻辑运算半导体
——三个基本电路即可组装所有逻辑电路

　　逻辑电路是指进行逻辑运算的电路，如图 4-38 所示，它是对由"1""0"组成的数字输入信号（I_1, I_2, ..., I_n）执行某些逻辑运算处理，其结果作为数字输出信号（O_1, O_2, ..., O_m）输出的电路。当然为了驱动半导体器件，还需要外部提供电源（V_{DD}）和把能量释放到外部的接地（GND）。

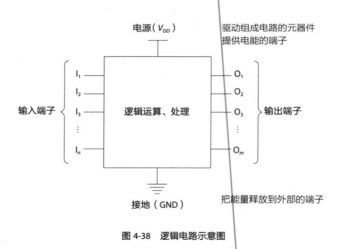

图 4-38　逻辑电路示意图

　　逻辑电路大致可分为两种（见图 4-39）：一种为某时刻的输出状态仅取决于该时刻的输入状态的组合逻辑电路，另一种为某时刻的输出状态不仅与该时刻的输入状态有关，还与历史状态有

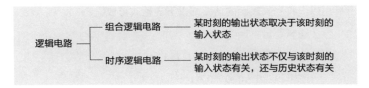

图 4-39 逻辑电路的种类

关的时序逻辑电路。

时序逻辑电路如图 4-40 所示,它在组合逻辑电路基础上添加了存储电路,具有将存储在存储电路中的历史逻辑运算结果作为输入之一反馈给组合逻辑电路的功能。

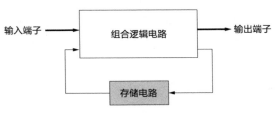

图 4-40 时序逻辑电路的构成

实际逻辑运算处理从简单到复杂有多种级别,但其基本原理并不难理解。

逻辑运算的基本法则是基于 G.Bool 设计的"布尔代数",对"1"和"0"的逻辑值:

符号"$-$":表示"非"的"逻辑否定";

符号"$+$":表示"或"的"逻辑和";

符号"·":表示"与"的"逻辑积";

用以上符号来表示的话，则以下表达式可成立：

逻辑否定：$\bar{1}=0$　$\bar{0}=1$

逻辑和：$0+0=0$　$0+1=1$　$1+1=0$

逻辑积：$0 \cdot 0=0$　$0 \cdot 1=0$　$1 \cdot 1=1$

将 A、B、C 当作 "1" 或 "0" 的逻辑值，那么可表示如下：

交换法则：$A+B=B+A$　$A \cdot B=B \cdot A$

结合法则：$A+(B+C)=(A+B)+C$

　　　　　$A \cdot (B \cdot C)=(A \cdot B) \cdot C$

分配法则：$A \cdot (B+C)=A \cdot B+A \cdot C$

双重否定律：$A=\bar{\bar{A}}$

实际的逻辑电路由几个基本电路（也称为门电路）构成。虽然本书仅举出三个基本电路用以说明，但通过组合这三个基本电路，无论多么复杂的逻辑都能实现，这已在 B. 拉塞尔（B.Russell）和 N. 怀特黑德（N. Whitehead）的 *Prinkipia Matematica* 中被证实。

1. 非电路（又名反相器或反转电路）

非电路是逻辑电路中最基本的电路。如图 4-41 所示，非电路有一项输入（X）和一项输出（Y），并用三角形前端附带 "O" 的电路符号表示。非电路的逻辑运算如真值表所示为 $Y=\bar{x}$。

为了通过 CMOS 实现非电路（见图 4-42），将 NMOS（Q_1）与 PMOS（Q_2）串联，将 Q_2 的另一端作为电源（V_{DD}），Q_1 的另一端作为接地（GND），将 Q_1 和 Q_2 的公共栅极作为输入（X）端子，Q_1 和 Q_2 的联结点作为输出（Y）端子。当 "1"（V_{DD}）输入到该电路时，Q_1 导通 Q_2 关闭，输出变为 "0"（GND）；而当输入 "0"

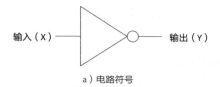

a）电路符号

输入 X	输出 Y
1	0
0	1

输入 0 却输出 1，输入 1 却输出 0，即输入逻辑值被反转

b）真值表

图 4-41　非电路——电路符号与真值表

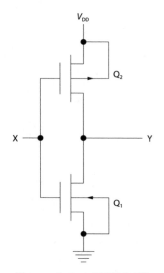

图 4-42　由 CMOS 组成的非电路

V_{DD}—电源电压　　⏚ GND—接地　　Q_1—NMOS　　Q_2—PMOS　　X—输入端子　　Y—输出端子

时，Q_1 关闭 Q_2 导通，输出变为 "1"。也就是说，与非电路的真值表相符。

2. 或 / 或非电路

或电路是实现 "或" 的逻辑运算的基本电路。或电路有多个输入和一个输出（Y），先来看最简单的两个输入（A，B）的情况。或电路的电路符号和真值表如图 4-43 所示，在该真值表所有输入 A、B 逻辑值的组合中，A 和 B 同是 "0" 时，则 Y 为 "0"，其余组合都是 "1"。

或电路的逻辑运算表达式为 Y=A+B。

暂且不说如何通过 CMOS 实现或电路，先来思考 "非 + 或"

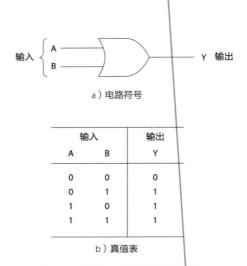

a）电路符号

输入		输出
A	B	Y
0	0	0
0	1	1
1	0	1
1	1	1

b）真值表

图 4-43　或电路——电路符号与真值表

的运算。仅反转或电路的输出 Y 的电路被称为或非电路，由 CMOS 组成的或非电路如图 4-44 所示，NMOS 晶体管中 Q_1 和 Q_2 并联，串联的 PMOS 晶体管中 Q_3 和 Q_4 又再串联。Q_1 和 Q_3、Q_2 和 Q_4 的栅极分别变为输入 A 和输入 B，Q_1、Q_2 和 Q_4 的公共漏极变为输出 Y。Q_1 和 Q_2 的源极连接 GND，Q_3 的源极连接 V_{DD}。

在该电路中，当输入 A 和输入 B 同时为 "0" 时，Q_1 和 Q_2 都截止，Q_3 和 Q_4 都导通，因此输出 Y 与 V_{DD} 相连并变成 "1"。对于输入 A、输入 B 的其他组合，即 Q_1 和 Q_2 任意一个导通、Q_3 和 Q_4 任意一个截止，输出 Y 与 GND 相连，Y 都会变成 "0"，这与或非电路的逻辑运算一致。

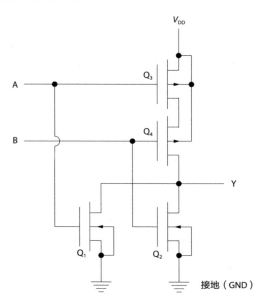

图 4-44　由 CMOS 组成的或非电路

V_{DD} —电源电压　　　Q_1、Q_2—NMOS　　　Q_3、Q_4—PMOS　　　A、B—输入端子　　　Y—输出端子

在实际电路设计中，多采用或非电路而非或电路，这是因为非电路已成为或非电路的基础，它不需要过多的晶体管，而或电路还必须在或非电路上再增加非电路。

3．与/与非电路

与电路是实现"与"的逻辑运算的基本电路。与电路有多个输入和一个输出（Y），以最简单的两个输入（A，B）为例，如图 4-45 所示的真值表中，所有输入 A、B 的逻辑值组合里，A 和 B 同是"1"时，Y 为"1"，其他组合则都是"0"。与电路的逻辑运算表达式为 $Y=A \cdot B$。

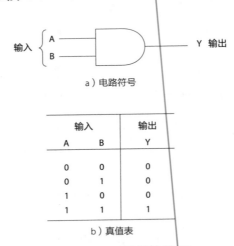

a）电路符号

输入		输出
A	B	Y
0	0	0
0	1	0
1	0	0
1	1	1

b）真值表

图 4-45　与电路——电路符号与真值表

与或非电路类似，由 CMOS 组成的与非（与＋非）电路如图 4-46 所示。

串联的 NMOS 晶体管 Q_1 和 Q_2 与 PMOS 晶体管 Q_3 和 Q_4 并联。

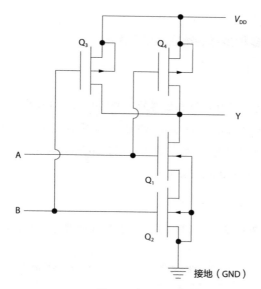

图 4-46　由 CMOS 组成的与非电路

V_{DD} —电源电压　　Q_1、Q_2—NMOS　　Q_3、Q_4—PMOS　　A、B—输入端子　　Y—输出端子

Q_1 和 Q_4 与 Q_2 和 Q_3 的公共栅极分别变成输入 A 和输入 B，Q_1 和 Q_3 与 Q_4 的公共漏极变成输出 Y。此外，Q_2 的源极连接 GND，Q_3 和 Q_4 的源极连接 V_{DD}。

当输入 A 和输入 B 同为"1"时，Q_1 和 Q_2 都导通，Q_3 和 Q_4 都截止，输出 Y 变成"0"。对于输入 A、B 的其他组合，即若 Q_1 和 Q_2 任意一个导通、Q_3 和 Q_4 任意一个截止，则输出 Y 变成"1"，这明显和与非电路的运算一致。

4.12 微型计算机之 MPU
——多种多样的物联网设备大脑

计算机中进行各种运算和数据处理的核心元器件被称为中央处理器（Central Processing Unit，CPU），而实现 CPU 功能的单个芯片化的 LSI 被称为微处理单元（Micro Processing Unit，MPU）或微处理器（Microprocessor）。

1. MPU 内部结构和作用

MPU 将复杂处理分解为简单指令，如图 4-47 所示，在 MPU

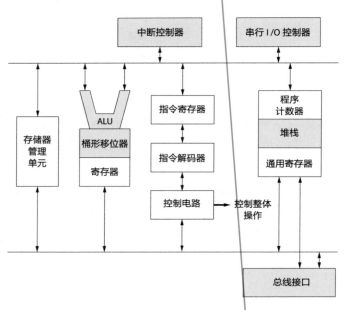

图 4-47 MPU 的基本电路构成示例

内部，输入的指令存储在指令寄存器中并由指令解码器解密。储存着微码（编写了处理内容的代码）的控制电路在指令解码器的指令下，将需执行的指令转换成每个电路的操作并发出控制信号，控制整体操作和时序。

算术逻辑单元（Arithmetic and Logical Unit，ALU）是一个综合体，它包括执行算术和逻辑运算的集成单元、可移动指定位置数据的桶形移位器和数据寄存器。ALU 中包含了大量寄存器，如程序计数器、通过数据后进先出（Last In First Out，LIFO）而保持的数据结构堆栈和通用寄存器等。

存储器管理单元在 MPU 与主存储器交换数据时，会转换内部地址和外部地址并支持由主存储器和硬盘组成的存储环境，使程序更容易写入。

中断控制器是可以暂停进行中的处理以执行其他更高优先级别处理的控制器，串行 I/O 控制器控制数据串行与并行的转换，总线接口是指将内部设备与外部装置连接的通路所用的接口。

2. MPU 的体系结构（CISC 和 RISC）

MPU 的基本设计规范被称为体系结构，它大致分为两类：CISC（Complex Instruction Set Computer，复杂指令集计算机）和 RISC（Reduced Instruction Set Computer，精简指令集计算机）。

CISC 是最先使用在 MPU 上的，由于要将高级语言的语句作为指令进行处理，所以需要复杂的硬件配置。

RISC 将一个机器周期中可执行的少量简单指令组成指令集，利用简单的硬件快速工作，通过多个步骤来处理高级语言。

由此可知，CISC 中硬件负担大，相应地减轻了软件的负担。相反，RISC 中软件负担很大，则减轻了硬件负担。

CISC 与 RISC 的应用不同，CISC 主要用于个人计算机，而 RISC 广泛用于服务器、工作站、LAN 路由器和游戏控制台等。

MPU 不仅用于各类计算机中，还用于各种电子设备中，如掌上电脑、打印机、数字电视、移动电话、智能手机、数码相机、打印机和 DVD 影碟机等。CISC 和 RISC 的特征比较见表 4-8。

表 4-8　CISC 和 RISC 的特征比较

MPU	CISC	RISC
特征	复杂而多样的指令集，为便于编程不断增加及扩充指令集，多功能 设计和高集成化难 开发时间长 计算机通用 MPU 的主流	通过指令集的简化提高了硬件实现效率 高集成化和高速化相对容易 开发时间相对较短 应用于工作站和最新游戏设备

对表 4-8 进行一些补充说明，CISC 中的所有指令依据规范而定，被设计为最优格式和大小，不同指令的执行时间都不相同。另外，指令解码采用微 ROM 处理方法，虽然处理时间长，但却能实现复杂的处理。这种处理方式需要用多个时钟来处理一个指令，虽然一个时钟需要几个周期，但由于处理结果是一次性输出的，所以从结果上来看处理效率提高了。

而在 RISC 中，由于一个指令周期是用流水线技术执行的，所以采用固定指令长度。为了提高指令处理的速度，不采用微 ROM 的情况下，使用了随机逻辑（组合非、或、与等基本逻辑电路和触发器等存储逻辑电路）。一个指令采用流水线技术在单个时钟内执行。

4.13 微型计算机之 MCU
——从家电到汽车，身边的紧凑型 CPU

　　微控制单元（Micro Controller Unit，MCU）在一个芯片上搭载了微计算机操作所需所有功能的 LSI，如 CPU、存储程序数据的各种存储器和 I/O 接口（既用于控制外围设备，也是输入数据和输出数据的端口）等，因此它也被称为单片微型计算机（Single Chip Microprocessor）。

　　用在 MCU 里的 CPU 虽然比 MPU 的功能和性能差，但由于它在单个芯片上搭载了各种功能，紧凑地整合为一个系统，因而具有较低的成本。故多应用于小型电子设备的核心部件上，高性能、高功能的电子设备与 MPU 组合进行各种控制的 LSI 上也应用较多。图 4-48 所示为一个 8 位 MCU 的示例，除 CPU 之外，还搭载了控制外围设备（如 ROM 和 RAM 存储器、计数器、定时器、时钟发生器、键盘和显示器）的 I/O 接口、模拟 / 数字转换器或数字 / 模拟转换器（ADC、DAC）、液晶驱动电路、直接访问外部存储器的控制电路以及可临时且强制改变指令的执行顺序的中断功能电路等。

　　随着位数的增加，MPU 的功能和性能也能提升，其主要用途见表 4-9。MPU 根据功能、性能、价格等不同需求而被适当地应用在不同领域，主要是民用（家电、各种信息终端、通信设备）、商用、汽车、娱乐等方面，高端产品的应用主要是高性能数码家电和车载应用等。

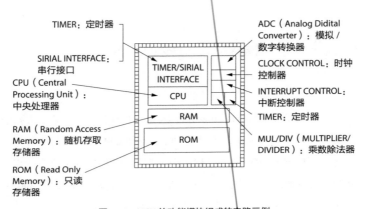

TIMER：定时器

SIRIAL INTERFACE：
串行接口

CPU（Central
Processing Unit）：
中央处理器

RAM（Random Access
Memory）：随机存取
存储器

ROM（Read Only
Memory）：只读
存储器

ADC（Analog Didital
Converter）：模拟 /
数字转换器

CLOCK CONTROL：时钟
控制器

INTERRUPT CONTROL：
中断控制器

TIMER：定时器

MUL/DIV（MULTIPLIER/
DIVIDER）：乘数除法器

图 4-48 MCU 的功能模块组成的电路示例

表 4-9 MCU 的主要用途

位数	民用	商用	汽车	娱乐
4	微波炉 电磁炉	—	—	计步器
8	音响 电视 照相机	鼠标 POS 终端	安全气囊 车门控制	游戏手柄
16	MD 机 空调	自动售货机 变频器控制	动力转向 车载空调	—
32	移动电话 DVD 影碟机 数码相机 IC 卡	打印机 电梯控制 自动售票机	发动机控制 ABS	—
64	高性能数码家电、车载应用等			

注：ABS（Antilock Brake System）——防抱死制动系统。

4.14 ASIC（专用 LSI）
——半定制 LSI、全定制 LSI

除了存储器和MPU这样的通用LSI，还存在ASIC（Application Specific IC）这样的专用LSI。如果说通用LSI是现成产品，那么ASIC就属于半定制和全定制产品。

ASIC 中的一种门阵列（Gate Array，GA）就是半定制 LSI（见图 4-49）。首先，准备芯片上有母片的硅晶片，被称为门的逻辑电路的基本构建块（Cell，单元）在垂直和水平方向上规律地排列（array，阵列），已完成衬底处理的晶片被称为衬底晶片。

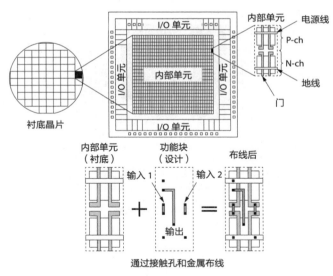

图 4-49　门阵列的组成

接下来，根据客户的要求，在衬底晶片上用金属线连接已形成的母片，完成搭载所需逻辑功能的 LSI。

这种布线之后的工程被称为布线设计，在门阵列中，客户要求的规范确定之后，在已准备好的衬底晶片上进行布线设计，LSI即可完成。因此，开发周期短，电路变更容易，成本也低，适合多品种、小批量生产。

标准单元阵列（Standard Cell Array，SCA）是全定制 LSI（见图 4-50）。从最开始就根据客户要求来布线和布局基础单元。因此，可缩小芯片尺寸和提升性能，但同时开发周期变长、电路更改困难、成本增加。

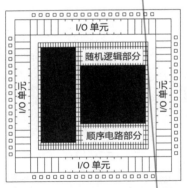

标准单元阵列从最开始就根据客户要求来布线和布局基础单元，实现所要求的功能。除基础逻辑块之外，还采用顺序电路块

图 4-50　标准单元阵列芯片示例

可编程逻辑 FPGA
——兼有专用 LSI 和通用 LSI 的特性

FPGA（Field Programmable Gate Array）是 PLD（Programmable Logic Device）的代表性器件，它是允许用户用软件对已经制作好的 LSI 的逻辑硬件自由编程的专用 LSI。从这个意义上说，FPGA 兼备了通用 LSI 和专用 LSI 的特性。

FPGA 最初作为价格便宜、交付周期短、更改容易的专用 LSI，用于需要便宜的编程 CAD（计算机辅助设计）设备的地方、不需要掩模设计费的地方以及小批量产品、试制或软件仿真器等。但现在 FPGA 不仅用于这些方面，还在其他众多领域受到越来越多的关注。

FPGA 的硬件有几种构成方式，如图 4-51 所示的构成方式是将名为 CLB（Configurable Logic Block）的可编程逻辑块的元件排列成矩阵，元件之间的垂直和水平方向交错着多条线路，此处的逻辑块元件由查找表（LookUp Table，LUT）和触发器（Flip Flop，FF）组成。

LUT 被翻译为查找表，将输入（图中是 A、B、C 3 个输入）的 8 种数据（2^3）记录在任意真值表中（如 SRAM），再根据输入从查找表中读取并输出相应的数据。换句话说，通过外部改写查找表的内容，可以自由定义输入和输出的关系。查找表是组合逻辑电路，而另一个逻辑块元件触发器用于构成时序逻辑电路。

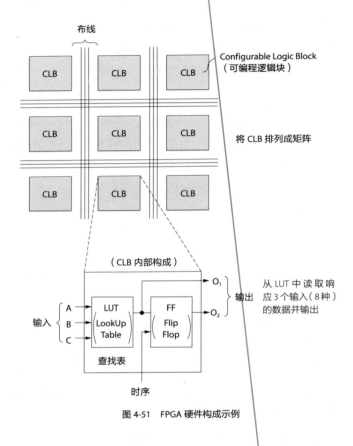

图 4-51　FPGA 硬件构成示例

　　如此一来，FPGA 不仅可以从外部用程序更改硬件组成元器件的逻辑电路，还可以用程序自由改变连接这些元器件的布线。如图 4-52 所示，可以通过程序任意连接纵横交点上（3 条 × 3 条）的布线。

　　像这样，用户可以自由编辑整个 FPGA 专用 LSI 的逻辑功能。

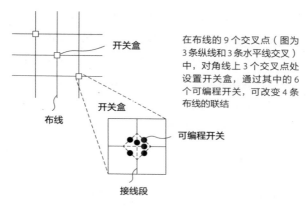

在布线的 9 个交叉点（图为 3 条纵线和 3 条水平线交叉）中，对角线上 3 个交叉点处设置开关盒，通过其中的 6 个可编程开关，可改变 4 条布线的联结

图 4-52　FPGA 的可编程布线连接

下面介绍一下微处理器带来的高速度。

FPGA 逻辑块元件查找表的存储设备，如图 4-53 所示，除了 SRAM 之外，还搭载了可编程逻辑电路、CPU（中央处理单元）、

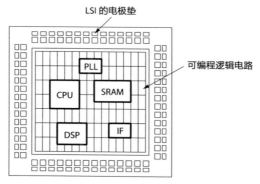

此 FPGA 除了可编程逻辑电路外，还内置有 CPU（中央处理单元）、DSP（数字信号处理器）、SRAM（存储器）、各种 IF、PLL（锁相环）等

图 4-53　FPGA 的构成示例

存储器、各种 IF（接口电路）、DSP（数字信号处理器）、PLL（Phase Locked Loop，锁相环）等，有的还实现了系统级 LSI。

如本节开头所述，FPGA 有多种用途和多类应用领域，而近年来备受关注的领域是高级数据中心大数据处理核心设备的应用，该领域以往都被微处理器垄断，但 FPGA 能实现一次性执行复杂处理的专用运算，在复杂数值运算上效果显著，还能通过并行实现高速化。

有研究表明，就单位功耗的搜索能力这一性能指标，FPGA 约是微处理器的 10 倍。也就是说，相同性能 FPGA 的功耗可降到微处理器功耗的 1/10。这是因为微处理器是通过软件改变其功能的通用设备，而 FPGA 是专门定制、用于特殊处理的专用 LSI。

4.16

系统 LSI 与 IP（知识产权）
——组合已有功能块的方法

系统 LSI 的目的是支持少量多品种的生产、实现大规模逻辑电路集成、降低设计成本、缩短设计时间和推进设计的高效和自动化。为了达成这些目标，如果直接从晶体管级别构建 LSI 的话，太耗时且无法支持多品种的生产。

因此，系统 LSI 的设计方法是：首先，设计高频率使用的标准单元（即基本逻辑门）和组合它们的触发器等逻辑电路。其次，设计整合 SRAM 等的存储器、接口电路、PLL（锁相环）等综合电路功能的单个功能块（宏）。再次，将标准单元与功能块作为一个构建块，组合这些模块使 LSI 具备所需功能。当然，在这样分层设计的背景下，CAD（计算机辅助设计）技术飞跃进步的同时，毫无疑问制作出超多功能 LSI 的制造技术也取得了进步。

通过采用这种分层设计方法，如图 4-54 所示，因已有了设计并确认完的构建块，就可以省去晶体管级布置（布局布线）和仿真所花的时间。而为了将构建块用于更多的 LSI，需要将各种设计数据规范化、资产化、数据库化，而规范化、资产化的数据被统称为"库"。通过库的整理，可以进一步推动设计朝着深度化和自动化方向发展。

除了宏和库之外，还有称为 IP（知识产权）的设计资产，它是指将构建块作为库进行资产注册，使之成为可重复利用的构成，

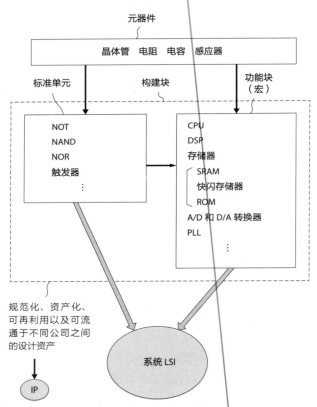

标准单元：NOT（非）、NAND（与非）、NOR（或非）等基本逻辑电路和组合这些触发器的逻辑电路块

功能块（宏）：将 CPU、DSP、SRAM、接口电路等综合电路功能集成为单个功能块

构建块：综合两个模块的总称

IP（知识产权）：作为规范化、资产化、数据库化的设计资产的构建块，可流通在不同公司间

图 4-54　通过构建块而设计出的系统 LSI

并能够流通于不同的 LSI 公司之间。因此，IP、构建块、宏虽然叫法不同，但一般指的是同一个东西。

　　如图 4-55 所示，使用 IP 设计系统 LSI 时，IC 制造商不仅可选择本公司的 IP 还可以从其他公司的 IP、用户的 IP、IP 提供商提供的 IP 中选择并使用。在此意义上，IP 本身已形成了一个市场。

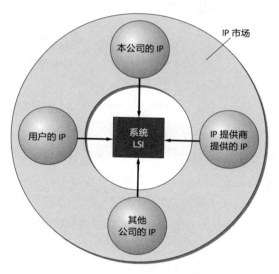

图 4-55　IP 市场

　　接下来，对在单个芯片上实现系统 LSI 的 SOC（System On Chip）和在单个封装上实现集成的 SIP（System In Package）进行说明。

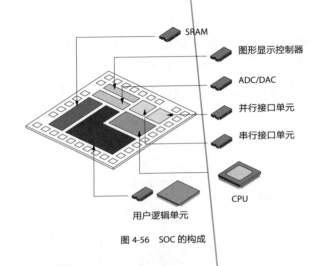

SRAM

图形显示控制器

ADC/DAC

并行接口单元

串行接口单元

CPU

用户逻辑单元

图 4-56　SOC 的构成

　　SOC 是通过设计师在广阔的 IP 市场进行搜索，选择最优 IP 并组合它们而实现的。过去用户逻辑单元、CPU、SRAM、接口单元、ADC/DAC（模拟 / 数字转换器、数字 / 模拟转换器）等都各自被制作成独立的 LSI，而现在经由功能化的模块被整合为一个 SOC。

　　如图 4-57 所示，SIP 将各种 LSI 搭载在一个封装上，并用线（键合金线）相互连接，而非将各种功能模块搭载在一个芯片上。SIP 虽然性能比 SOC 差，但开发时间与成本均有相对优势。

　　因此，代理商会基于产量、性能、成本、开发周期等因素的综合考虑来选择 SOC 还是 SIP。

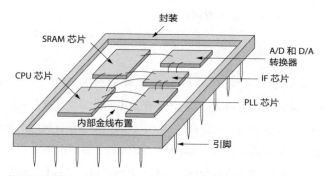

将用户逻辑单元、CPU、SRAM、IF、A/D 和 D/A 转换器等各个 LSI 芯片搭载在
一个封装中,并通过内部线(黏接线)相互连接

图 4-57　SIP 的组成

模拟电路（运算放大器）
——放大传感器信号

集成电路中还有处理模拟信号的模拟电路。放大器
（OPErational AMPifier）是典型的模拟电路，也被称为"效应放大器"，与电阻器、电容器、二极管和晶体管等器件组合，是进行各种模拟运算的基础。运算放大器的电路符号如图 4-58 所示，输入 V^+ 和 V^- 被称为差分输入，其并非绝对值，只含有"差别"的意思。如果运算放大器的电压放大系数为 A_v，那么输出 $V_o =$
$A_V \cdot (V^+ - V^-)$。

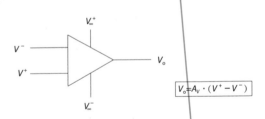

$$V_o = A_V \cdot (V^+ - V^-)$$

图 4-58　运算放大器的电路图

$V_\infty^+ + V_\infty^-$—电源　　V^+，V^-—输入端子　　V_o—输出端子　　A_V—电压放大系数

运算放大器的等效电路和主要特性如图 4-59 所示，主要特征是输入电阻（R_i）和电压放大系数特别大（理想状态下无限大），而输出电阻（R_o）特别小（理想状态下为 0）等，但实际的运算放大器中，这些是有一定范围的标准值。在理想状态下的运算放大器中，输入端之间没有电位差，此属性被称为虚拟接地。

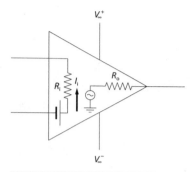

主要特性	理想状态	标准值
输入阻力（R_i）	∞	0.25~107MΩ
输出阻力（R_o）	0	30~200Ω
电流放大系数（A_V）	∞	40~3000V/mV

图 4-59 运算放大器的等效电路和主要特性

R_i—输入阻力 R_o—输出阻力 I_i—输入电流

　　再来，"+"与"－"输入端之间无电流。如图 4-60 所示的微分电路就是利用了这种运算放大器性质的模拟运算电路的例子。在此图中，串联的电阻器（R）和电容器（C）的联结点与运算放大器的输入端（"－"）相连，电阻器的另一端与输出端相连，向电容器的另一端施加输入电压 V_i，并且运算放大器的 V^+ 接地。在该电路中，$V_o = -CR \cdot (dV_i / dt)$，执行微分运算。此时，如果 $CR = 1$，则输出是给输入的时间导数加上"－"的值。

　　运算放大器包括上述微分电路在内有各种各样的用途，广泛应用在物联网的主角（传感器的模拟信号放大等各类处理电路、D/A 转换器、音频电路、视频电路等）中。

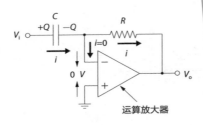

$$\left.\begin{array}{l} Q=i\mathrm{d}t=CV_i \to i=C\dfrac{\mathrm{d}V_i}{\mathrm{d}t} \\ R_i=-V_o \end{array}\right\}$$

从上述运算可得出如下公式。

$$V_o=-CR\dfrac{\mathrm{d}V_i}{\mathrm{d}t}$$

a）电路构成

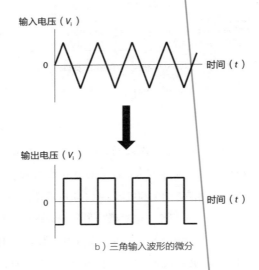

b）三角输入波形的微分

图 4-60   使用运算放大器的微分电路

C—电容   R—反馈电阻   Q—电容累积电荷

4.18 模拟数字信号转换

——D/A 转换器、A/D 转换器

传感器是将检测到的各种模拟信号转换为模拟电信号输出，为了进行各种信号处理，需先将模拟信号转换为数字信号，然后再转换为人能理解的模拟信号。因此需要有能将模拟信号和数字信号进行互换的转换器。下面将对典型的转换器进行说明。

1. D/A 转换器（又称为 DAC）

D/A 转换器是将数字信号转换为模拟信号，在此对适合 LSI 的串电阻式 D/A 转换器进行说明。如图 4-61 所示，D/A 转换器由

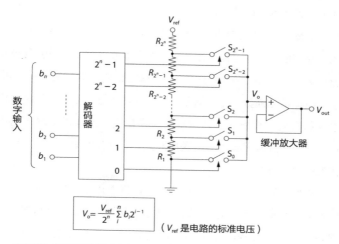

$$V_o = \frac{V_{ref}}{2^n} \sum_i^n b_i 2^{i-1}$$

（V_{ref} 是电路的标准电压）

由于此方式会有负荷驱动力低的缺点，所以视情况增加图右侧的缓冲放大器

图 4-61　串电阻式 D/A 转换器电路组成

相对于 n 位输入（b_1、b_2、$\cdots$，b_n）的 2^n 个单元电阻 R，用于取出单元电阻器之间电压的分接开关 $S_0 \sim S_{2^n-1}$，以及根据数字输入控制分接开关的解码器电路所组成。在此电路中，若标准电压为 V_{ref}，那输出电压 V_o 为：

$$V_o = (V_{ref}/2^n) \sum_i^n b_i 2^{i-1}$$

这种方法既有容易保证输出信号相对于输入信号的单调增加特性的优点，也有负荷驱动力低的缺点，所以看情况增加缓冲放大器。

2. A/D 转换器（又称为 ADC）

关于 A/D 转换器，在此对转换速度为 1MHz 以下的中速领域里，各种传感器和伺服系统控制器或通用微型计算机常用到的逐次逼近式 ADC 进行说明。

从图 4-62 可以看出，A/D 转换器是由开关（S_1、S_2、S_3）、用于存储电荷的电容器、比较器、逐次逼近寄存器和 D/A 转换器所组成，D/A 转换器的输出（V_{DAC}）与输入端 V_{in} 并联反馈到输入侧。

模拟信号向数字信号转换时，n 位是通过重复 n 次的比较操作来执行的。首先，在第一步的采样期中，采样模拟输入电压 V_{in}，打开开关 S_1 和开关 S_3，关闭开关 S_2，储存电荷 Q_S（$C \cdot V_{in}$）在保持电容器中。

在保持期，把 S_1、S_2、S_3 全关，保持上述电荷。在下一步比较期中，把输入到比较器的输入端电压当作 V_X，根据电荷守恒定律 $Q_S = C \cdot (V_{DAC} - V_X)$，因此 $V_X = V_{DAC} - V_{in}$。对模拟输入信号 V_{in} 和 D/A 转换器的输出电压 V_{DAC} 进行比较。

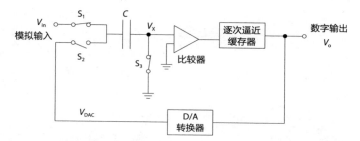

逐次逼近寄存器是存储比较结果的存储器

采样期：采模拟输入电压 V_{in}，打开开关 S_1 和开关 S_3，关闭开关 S_2，储存电荷 $Q_S =$ $(C \cdot V_{in})$ 在保持电容器中

保持期：把 S_1、S_2、S_3 全关，保持电容器的储存电荷 $Q_S = (C \cdot V_{in})$

比较期：把输入到比较器的输入端电压当作 V_X，那么从 $Q_S = C \cdot (V_{DAC} - V_X)$ 变为 $V_X = V_{DAC} - V_{in}$，比较 V_{in} 和 V_{DAC}

图 4-62　逐次逼近式 D/A 转换器的电路组成与操作

　　当 D/A 转换器用来自逐次逼近寄存器的信号进行第一次比较时，会输出模拟输入信号的参考电压最大值的 1/2。将此电压 V_{DAC} 与 V_{in} 进行比较。如果 $V_{in} > V_{DAC}$，则将 "1" 写入逐次逼近寄存器，反之写入 "0"。接下来，如果第一次比较结果为 "1"，则最大值的 3/4 作为 V_{DAC} 被输出，如果第一次比较结果为 "0"，则最大值的 1/4 被输出，并与 V_{in} 进行比较。可见，当 V_{in} 大时，"1" 被写入逐次逼近寄存器，而 V_{in} 小时则写入 "0"。

　　此后重复相同的操作以确定 n 位数字值。在此所提到的 D/A 转换器使用的是前面介绍的串电阻方式。

第 5 章

物联网时代追求的
新半导体技术

实现物联网的新半导体技术
——异次元的存储器和计算机

今后进入全面的物联网时代，作为核心的半导体器件还需要哪些新技术？

如前面所述，在执行数据的收集、传输和处理的物联网的所有节点（部分）中，使用了大量的、多种多样的半导体器件。因此随着物联网的发展，必须更加重视以微型化技术为代表的先进半导体技术，必须开发具有更多功能、更高性能、更高可靠性和更低成本的元器件。

这些只要投入充足的资源（人、财、物）就可以实现，换言之，抛开现实的困难，从质的方面考虑的话，应着眼在以往技术的延伸上。

在大数据处理和存储方面，也要求有质的突破。因为在成熟的物联网时代，需将数十个泽字节（$1ZB = 10^{21}$字节）上传到云端，必须利用人工智能技术进行处理和存储。

因此在互联网数据中心（IDC），必须控制承担"处理"任务的服务器的关键半导体元器件 MPU 的功耗，使其高性能化、低成本化，必须将承担"存储"任务的主存储装置的 DRAM 和辅助存储装置的 HDD 变更为其他元器件，以降低功耗并实现高可靠性、高性能、低成本。

关于功耗，在日本互联网数据中心设置较多的东京地区，所用电力的 20% 是互联网数据中心消耗的。互联网数据中心中主要是信息设备（服务器、存储器、通信设备）和为这些设备所配置的空调、照明灯等消耗电力较多。提高信息设备的性能、实现低功耗，会带来设备初期投资的减少及电费（含防热害）等运行成本降低的双重益处（见图 5-1）。

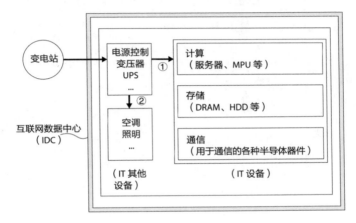

UPS——Uninterruptible Power Supply，不间断电源供给设备

$$PUE（电力使用效率）= \frac{①+②}{①}，通常在 1.7~2.0 之间$$

图 5-1　互联网数据中心的功耗

在此背景下，与现在的冯·诺依曼型的计算机完全不同，数据处理可能采用模仿人的大脑神经元功能的、全新的、被称为神经形态芯片的半导体设备（见图 5-2）和吸收了 DRAM 和闪存/SSD 优点的万能存储器，人们对此充满期待。

（计算）

	半导体器件	备注
过去	MPU	由于通用件处理速度、功耗的问题较突出，所以需要人工智能处理、降低成本
发展中	FPGA MPU + FPGA MPU+FPGA	可定制以实现不同用途，处理速度和功耗方面都有优势 通过深层定制可实现处理高速化、高性能化 集成在单个芯片中
未来	神经形态芯片	硬件，模拟神经元的非冯·诺依曼型计算机 优于人类右脑功能，促进人工智能技术的显著进步，可实现低功耗、高速和高性能的数据处理

图 5-2　物联网时代所需数据处理之计算

　　现在互联网数据中心的集中处理式方法或许会因这些新的半导体技术的实现而进一步发展为分散处理式方法或者直接被取代，正如前面所述，将从云计算逐渐变为雾计算或尽可能在互联网的边缘（终端附近）进行处理，这种方法被称为边缘计算。

　　未来的神经形态芯片（见图 5-2）和万能存储器（见图 5-3）将在本章 5.4 节和 5.5 节中详细说明。

（存储）

半导体器件		备注	
主存储装置	辅助存储装置	主存储装置	辅助存储装置
过去 DRAM ↓ HDD ↓		易失性存储器需要恒定电源 　刷新 / 再写会消耗电力 　写入 / 读取可高速随机访问 　大容量、低比特成本	易失性存储器因事件驱动而电力消耗少 　大容量、低单价 　因性能方面限制，很难通过软件实现高性能化 　有构造件不稳定和功耗大的问题
发展中 ↓ 闪存 /SSD ↓			3DNAND 多值技术带来大容量化、低成本化 　HDD 具有高性能且软件的附加价值高的特点 　重复次数有限，需软件支持
未来 万能存储器		保留了 DRAM 非易失性的优点，存储器的主存储和辅助存储的区别消失 　不仅存储改变、含计算在内的概念也大幅变革的可能性大	

图 5-3　物联网时代所需数据处理之存储

5.2 何谓能带?
——半导体原始力量的源泉

经过前面的介绍,关于半导体特别是硅的性质,读者应该有了一定程度的了解。然而,要从量子论的角度才能更加精确且定量地分析理解半导体工作的原理。

量子论与爱因斯坦的相对论是现代物理学的两大基石。在此希望读者在通过量子论帮助理解半导体之余,还能感受半导体美好的前景。

对于单个原子,围绕原子核移动的电子有若干轨道,电子会获取属于各自轨道的离散能级(水平)。而当大量原子聚集时,原子之间的相互作用使得能级具有宽度,且呈带状连续分布。

在硅原子中,按从里到外即能量由低到高的顺序原子核外电子个数分别是 K 壳层中 2 个自由电子,L 壳层中 8 个自由电子,最外面的 M 壳层中 4 个价电子。

然而,单晶硅的情况是各壳层的能级变为具有宽度的带,K 壳层和 L 壳层是被自由电子占据的满带,M 壳层是被价电子占据的价带,在此之上还有含自由电子的导带,各个带之间隔着无法存在电子的禁带。这种带状能级被称为能带(见图 5-4)。

先来看决定半导体电气性质的价带和导带,无法存在电子的禁带宽度(带隙)为 1.1eV(1eV:在强度为 1V/cm 的电场中,加速运动的电子移动 1cm 时获得的能量)(见图 5-5)。

这种单晶硅被称为本征半导体,在正常物理条件下,导带中没有自由电子，由于价带被价电子占满、无富余，所以价带中不含运输电的载流子，有类似绝缘体的特性。当赋予这种单晶硅比带隙更高的热或光时，价带中的电子越过禁带进入导带成为自由电子，价带中便会产生无电子的空位（空穴），于是有自由电子和空穴这两类载流子运输电荷，电流更通畅，就具有了类似导体的特性。

往本征半导体单晶硅中添加微量的砷（As）和磷（P）之后会在导带的正下方（数十个 meV）或者添加硼（B）之后会在价带的正上方（数十个 meV）产生能级。室温状态下，砷和磷的施主杂质向导带提供自由电子，而硼从受主杂质的价带接收电子会产

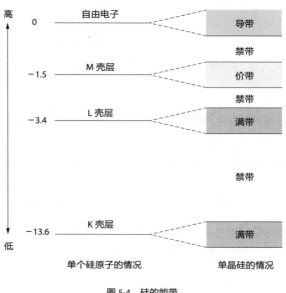

图 5-4　硅的能带

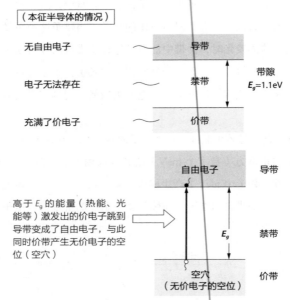

（本征半导体的情况）

无自由电子 ～ 导带

电子无法存在 ～ 禁带

充满了价电子 ～ 价带

带隙
E_g=1.1eV

自由电子 导带

高于 E_g 的能量（热能、光能等）激发出的价电子跳到导带变成了自由电子，与此同时价带产生无价电子的空位（空穴）

E_g 禁带

空穴
（无价电子的空位） 价带

图 5-5　单晶硅的能带（本征半导体）

生空穴，因此电流变得通畅，所以把添加了施主杂质或受主杂质的半导体称为杂质半导体（见图 5-6）。

此前以硅为例对能带进行了说明，其他半导体材料也是同样的原理。

从能带的角度再来思考导体、半导体和绝缘体之间的差异，可知道在导体中导带与价带重叠，半导体的禁带宽度中等（3eV以下），而绝缘体的禁带宽度很大（数个 eV 以上）。

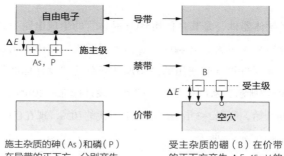

（杂质半导体的情况）

施主杂质的砷（As）和磷（P）在导带的正下方，分别产生 ΔE=49mV、44mV 的能级

受主杂质的硼（B）在价带的正下方产生 ΔE=45mV 的能级

ΔE 由于和室温的热能相同，施主杂质基本把所有电子都给了导带，自身变成了正离子。而受主杂质从价带也基本接收了所有价电子，自身变成了负离子

图 5-6　单晶硅的能带（杂质半导体）

5.3 元器件的微型化
——为何会向微型化、高集成化方向发展?

半导体器件,尤其是使用MOS晶体管的集成电路中,随着微型化技术的发展,元器件(包括内部布线)的微型化也在推进中。元器件设计时使用的最小尺寸规范的"设计标准"的变迁如图5-7所示,从图中可以了解到:设计标准从20世纪70年代的5 μm开始,每隔2~3年约缩小为上一代的70%,现在已是14nm(1nm = 10⁻⁹m)的时代。

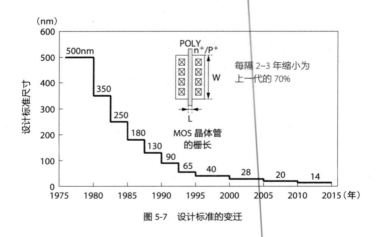

图 5-7 设计标准的变迁

在缩小元器件尺寸的过程中,根据"比例缩小法则"这一指导性原则来实现微型化。通过理想比例缩小法则(见表 5-1),可了解当缩放系数设为 k 时各种参数是如何变化的。

表 5-1　比例缩小法则

参数	缩放系数
元器件尺寸	$1/k$
电源电压	$1/k$
电流	$1/k$
电路延迟	$1/k$
功耗	$1/k^2$
电力密度	1
布线延迟	1
电阻	k
电容	$1/k$

注：缩放系数设为 k 时的理想比例缩小法则。

那么推进微型化的理由是什么呢？

其一是基于比例缩小法则会有如下优势：

①运行速度的提升：若 $k=2$，运行速度将提升 2 倍。

②功耗的降低：若 $k=2$，功耗将降低到四分之一。

③每单位功耗的制造成本降低：根据经验，3 年内约从三分之一降低到四分之一。

综上优势，适应结构微型化的 MOS 晶体管（含 CMOS 型）电路的运行速度变快，可在很多以往只能使用双极或复合晶体管的领域取代它们。

其二在于还有如下的优势：由于单个芯片内置的晶体管数增多，所以可实现多功能和高功能。

综上所述，相信在了解了微型化技术对半导体发展所发挥的作用大小的同时，MEMS 的作用你也就能大致了解了。

5.4 何谓万能存储器？
——DRAM × 快闪存储器

　　或许万能存储器这个叫法还没有被大众所熟知，也可能是作者感情用事而使用了这个名称，其实还有人称之为"功能存储器"或"未来存储器"。既然叫作万能存储器，那么言下之意即是"具备了现有存储器所欠缺的"，对此我们简单思考一下吧。

　　如前面所述，要说目前最具代表性的存储器必然是DRAM和快闪存储器。两者共同的优点是相对简单的结构，制作简单，从结果上看每比特成本可控。除此之外，DRAM一方面有可随时读写、速度快、重写次数无限的优点，而另一方面也有因存储信息会一点点地自然丢失而需要频繁进行刷新，以及由于关闭电源后所有存储信息都会丢失，故为了保持存储，必须始终连接电源并定期刷新存储的内容等缺点，因此在需大量使用DRAM时，其高电力消耗会导致严重问题出现。

　　而快闪存储器中代表性的 NAND 闪存存储器则具有即使断电也能持续保存信息的明显优势，而其劣势是不可随时读写，从操作原理上看其写入速度也慢，最关键的劣势在于重写次数被限制在最多 100000 次。

　　综上所述，很显然万能存储器所追求的即是成为综合 DRAM 和快闪存储器优点的存储器。下面列举一些具有代表性的备选元器件。

1. MRAM（磁随机存储器）

MRAM（Magnetoresistive RAM）通过磁作用存储数据，使用 TMR（隧道磁阻）元件。TMR 元件的基本结构是用两个铁磁膜夹着薄绝缘膜。

MRAM 的基本结构和工作原理如图 5-8 所示，MRAM 的存储单元由一个 N 沟道 MOS 晶体管和一个 TMR 元件组成。夹着薄绝缘膜的下方铁磁材料的磁化方向是固定的（固定层），上方的磁化方向是可变的（可变层）。当电流流经 TMR 可变层的磁化方向与固定层相同时，TMR 元件变为低电阻状态——"0"，磁化方向相反时则变为高电阻状态——"1"，通过这种方式来存储信息。

MRAM 的具体写入方式有电流磁场法和自旋电流法两种。

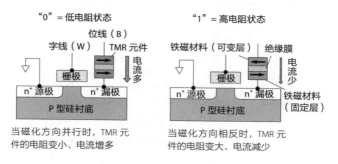

图 5-8　MRAM 的基本结构和工作原理

2. PRAM（相变存储器）

PRAM（Phase change RAM）也称为 PCRAM 或 OUM（Ovonic Unified Memory）。PRAM 利用流经特殊电阻器电流的焦耳热所

引起的瞬时温度变化，并利用由结晶状态和非结晶状态之间的相变而引起的电阻变化来存储信息：在结晶状态下电阻低成为"0"，在非结晶状态电阻高成为"1"。相变元件会采用 GST（锗、锑、碲）的硫族化物膜。PRAM 存储单元的基本结构和工作原理如图 5-9 所示。

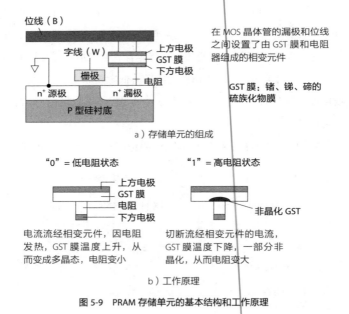

a）存储单元的组成

b）工作原理

图 5-9　PRAM 存储单元的基本结构和工作原理

3. ReRAM（可变电阻式存储器）

ReRAM（Resistive RAM）是一种在电场作用下存储数据的存储器，利用 CER 效应（电场引发巨大电阻变化）进行存储。图 5-10 所示为 ReRAM 存储单元的基本结构和工作原理，ReRAM 的存

CER（电场引发巨大电阻变化）元件利用因施加电压不同而电阻
大幅变化的现象来存储"1""0"。

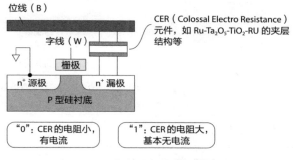

图 5-10　ReRAM 存储单元的基本结构和工作原理

储单元由一个 N 沟道 MOS 晶体管和一个 CER 元件所组成。因在
CER 元件上施加电压（电场）而引起 CER 电阻减小，把此时电流
通畅的状态当作"0"，而把电阻增大基本无电流的状态当作"1"，
以此来存储信息。

以上是有望成为万能存储器的三种存储器，将这三种存储器
的特性进行比较见表 5-2，同时为便于参考，将 DRAM 和快闪存
储器也列在其中。

先不管各存储器所具有的详细特性，就从万能存储器的角度
出发，应该能得出以下一些观点。

就非易失性、保持时间和非破坏性读数等方面而言，万能存
储器与快闪存储器达到相同水平，无实质性问题。

读取速度方面，可以看出 ReRAM 与 DRAM 几乎相同水平，
MRAM 和 PRAM 稍逊。写入速度方面，PRAM 比 DRAM 稍差，
MRAM 和 ReRAM 在同等水平或 MRAM 在 ReRAM 以上。

表 5-2　各类存储器的特性对比

存储器	非易失性	保持时间	读取方法	单元结构	读取速度	写入速度	重写次数
MRAM	○	10 年	非破坏	1T+1TMR	10~50ns（ns=10^{-9}s）	10ns 以下	∞
PRAM	○	10 年	非破坏	1T+1GST	20~50ns	30ns 以上	10^{12}
ReRAM	○	10 年	非破坏	1T+1CER	约 10ns	约 10ns	> 10^6
DRAM	×	×	破坏	1T+1C	10ns	10ns	∞
快闪存储器	○	10 年	非破坏	1T	50ns	1ms 以上（ms=10^{-3}s）	10^5

注：1. 破坏性读数：一旦读取存储数据，数据就会丢失，需要重新写入。

2. T——Transistor，N 沟道 MOS 晶体管。

3. C——Capacitor，电容量。

4. GST——锗、锑、碲（硫族化物）。

5. TMR——Tunnel Magnetic Resistance，隧道磁阻。

6. CER——Colossal Electro Resistance，电场引发巨大电阻。

最成问题的是重写次数。鉴于快闪存储器有写入速度慢和重写次数有限（少于 10 万次）的问题，若要求达到与 DRAM 同等的重写次数的特性，则只有 MRAM 可选了。对此也有各种不同意见，还有说根据不同用途而寻求共存的观点，但总有种不是最佳方案的感觉。

如此看来，要实现完全取代现在的 DRAM 和快闪存储器的万能存储器，还需要很多的突破。

4. 3D Xpoint 存储器单元

最近美国英特尔公司和微软公司联合发布了被称为"3D Xpoint 技术"的新三维 NAND 存储器，其存储单元阵列部分的概念图如图 5-11 所示。

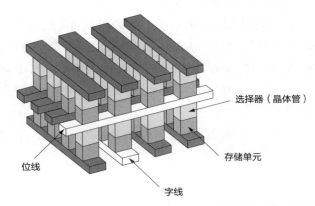

选择器（晶体管）

存储单元

位线

字线

存储元件基本上与 PRAM 相同，并且是使用硫属化物材料（锗－锑－碲）的
相变存储器。每个存储单元被立体地设置在字线和位线的交叉点处

图 5-11　3D Xpoint 存储器的结构模型

据说该存储器与现在的快闪存储器相比，集成化是 DRAM 的
10 倍，写入速度和重写次数是 NAND 闪存的 1000 倍。

如果这是真实的，那么它非常有望取代现在的快闪存储器，
但即便如此，其写入速度和重写次数仍不及 DRAM，还远称不上
是万能存储器。

综上所述，备受期待的万能存储器若能普及到普通商业用途
中，将会带来怎样的便利呢？毋庸置疑，其带来的影响绝不仅是
一种万能存储器取代 DRAM 和快闪存储器这一点。

首先可预见的是，当前计算机的主存储器 DRAM 和辅助存储
器 HDD（硬盘驱动器）、SSD（Solid State Drive，使用固态驱动
器闪存的存储设备）的差异会消失，OS（Operating System，操作

系统）和应用程序会发生较大的变化。

其次，万能存储器的登场，将不再需要主存储器来保存数据，也能提高计算机的性能并降低功耗，因此，它除了能减少个人计算机、智能手机、触控终端甚至服务器的功耗之外，对数据库的性能提升也能发挥作用。还有当前文件的概念，即存储和整理数据这一概念，也会发生变化。

可以确信，万能存储器必将给物联网的数据中心带来巨大影响。

5.5 何谓神经形态芯片？
——模拟人类大脑构造的计算机芯片

随着物联网的发展，连接在互联网的传感器等元器件将会呈天文数字级的增长。正如前面所说，据预测，未来每年将增加1万亿个传感器。这天来临时，数据中心处理的大数据会越来越庞大，从提取有意义的数据、数据的结构化到数据的搜索和处理都会变得呈指数级增加地复杂和困难。具体而言，当下计算机的处理速度和功耗的问题已显现出来。

下面介绍一下克服处理速度和功耗的三大途径

作为有望解决此问题的途径之一，近年来在世界范围内正在推动与传统冯·诺依曼型计算机完全不同的、被称为"神经形态芯片"的新计算机芯片的研究和开发。

神经形态（Neuromorphic）的意思是模仿脑神经系统的结构和功能，如图5-12所示，神经形态芯片完全采用与人类大脑的神经元和突触一样功能的计算原理。大脑接受刺激并学习，神经元之间的连接强度因突触的化学变化而变化。相同地，神经形态芯片从输入端通过可变电阻输入信号，学习进步的话电阻值就会发生变化。

这个领域的先行者是IBM在DARPA（美国国防高级研究计划局）的帮助下开发的True North。如图5-13所示，True North中由神经元、突触和通信单元组成的核心呈X-Y状排列，约4000个，异步进行运算处理，这相当于100万个神经元和2.5亿个突触连接，

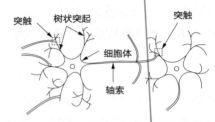

通过经验和学习，神经元之间的连接强度因突触的化学变化而变化

a）神经元

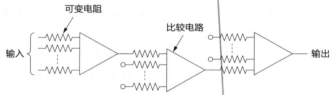

类似于一个一个的神经元，多个输入、单个输出的比较电路的输入
端中插入可变电阻，电阻值因学习状态而发生变化

b）神经形态芯片的基本电路

图 5-12　模拟神经元的电路

但其功耗却是普通 CPU 芯片的 1/2500。

美国斯坦福大学发表的模拟人类大脑结构的 Neurogrid，使用
16 个专用集成电路成功再现了 100 万个神经元和数十亿个突触的
工作，不但速度是普通个人计算机的 9000 倍，还能以少于个人计
算机的电力消耗进行工作。

这种高速性没有了限制传统冯·诺依曼型计算机系统性能的
瓶颈，而低功耗是因为与传统型相比，神经形态芯片是靠事件驱
动（响应并处理用户和其他程序执行的操作的形式）工作的。

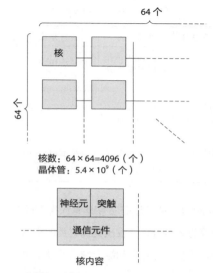

核数：64×64=4096（个）
晶体管：5.4×10⁹（个）

核内容

存储器：10⁵ 位
通信：交叉连接、因事件驱动，所以异步

图 5-13　IBM 的 True North 硬件组成

在欧洲，有一项获得了预算支持的"人脑计划"（Human Brain Project），来自日本的理化学研究所也加入了该计划。在这个计划当中，德国海德堡大学的"Brain Scales"再现了 512 个神经元和 130000 个突触。

关于这三种神经形态芯片的总结见表 5-3。

神经形态芯片如果能投入实际使用，一方面能飞速提升物联网数据中心的大数据处理能力和速度，另一方面功耗也会大幅降低。当然不仅是数据中心，它还会促使人工智能技术迅速发展。

表 5-3　神经形态芯片的示例

项目名称	研究主体	系统组成	规模	备注
True North	IBM（美国）	1 个芯片或在衬底上安装 16 个芯片	神经元 10^6 个；突触 10^8 个	DARPA 的协助
Brain Scales	海德堡大学（德国）	晶圆级（一块完整硅晶片）	神经元 2×10^5 个；突触 5×10^6 个	人类脑计划的一部分
Neurogrid	斯坦福大学（美国）	在衬底上安装 16 个芯片	神经元 1.05×10^4 个；突触数十亿个	

如图 5-14 所示，神经形态芯片具有人类右脑的功能，通过与传统的左脑计算机相结合，开发出更像人类的机器人，如无人驾驶等，可预见的是代替人类直觉和综合判断的技术也在飞快进步中。

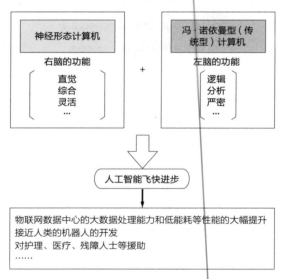

图 5-14　神经形态芯片带来的人工智能技术的进步